杭州市余杭区茶文化研究会推出

茶经解读

吴茂棋　许华金　吴步畅⊙编著

中国轻工业出版社

图书在版编目（CIP）数据

茶经解读 / 吴茂棋，许华金，吴步畅编著 . —北京：
中国轻工业出版社，2020.7

ISBN 978-7-5184-1292-1

Ⅰ . ①茶⋯ Ⅱ . ①吴⋯ ②许⋯ ③吴⋯ Ⅲ . ①茶文
化 – 中国 – 古代②《茶经》– 研究 Ⅳ . ① TS971.21

中国版本图书馆 CIP 数据核字（2019）第 298892 号

责任编辑：杜宇芳　　　责任终审：劳国强　　　整体设计：锋尚设计
策划编辑：杜宇芳　　　责任校对：吴大鹏　　　责任监印：张　可

出版发行：中国轻工业出版社（北京东长安街6号，邮编：100740）

印　　刷：三河市国英印务有限公司

经　　销：各地新华书店

版　　次：2020年7月第1版第2次印刷

开　　本：720×1000　1/16　印张：12.5

字　　数：250千字

书　　号：ISBN 978-7-5184-1292-1　定价：68.00元

邮购电话：010-65241695

发行电话：010-85119835　传真：85113293

网　　址：http://www.chlip.com.cn

Email：club@chlip.com.cn

如发现图书残缺请与我社邮购联系调换

200697S1C102ZBW

茶經解讀

己亥秋 樓宇烈

"茶"，在中华民族的生活中占有重要地位，是不可或缺的。常言道："开门七件事，柴米油盐酱醋茶。""茶"不仅在日常生活中不可缺少，也是非常重要的礼仪之一。诸如，迎送宾客要用"茶"，礼敬父母、长辈、师长要行"茶礼"，甚至于佛教禅宗讲修行也以"吃茶"为方便法门。禅宗中有一个著名的公案，说是唐代著名禅师赵州从谂和尚，每当有人去问他如何修禅时，他就叫人"吃茶去"。由此可见，"茶"在中国人的生活中、文化中有多广多深的意义。

中国"茶"文化历史悠久，可追溯到三代以上，而延续至唐代已相当成熟，其中陆羽（公元733—805）的《茶经》问世，可算是一重要标志。《茶经》是中国茶文化中的一部经典文献，同时也是世界有关茶文化的经典之作，被翻译成多种世界语言。陆羽在《茶经》中，记载了茶的起源，茶字的多重意义，茶树的种植（包括地域、季节、土壤等），茶叶的采摘、炒制、收藏等，储存茶叶的器具，煮茶、饮茶的器皿，煮茶的水质水温，饮茶的药用、养生作用；还讲述了沏茶、饮茶中的各种习俗和礼仪，以及其中所包含的文化意义；书中也还收集了大量唐以前有关茶文化的史料、传说、掌故、诗词、杂文、药方等，同时讲述了当时全国茶叶生产的区域，以及其品质的高下等。总之，《茶经》可说是一部有关中国茶文化的百科全书。

由于《茶经》一书内容广博，文字艰涩，时代久远，为使后人读懂，历代都有详略不同的注释和解读。吴茂棋先生和许华金女士伉俪同届毕业于浙江农业大学茶叶系，毕业后一直从事茶叶技术推广工作，积累了丰富的实践经验，退休后又一起专心研究茶文化，探讨茶道精神，精读《茶经》，用了十多年的功夫精心为《茶经》作注释、做今译、做解读，完成了现今呈现在读者面前的这部《茶经解读》。吴步畅先生子承父业，携稿来访。当我看到这本书稿时，首先感受到它对史实、名词概念考证的仔细，"注释"十分详实，"今译"现代语明白易读，"讲解"部分内容具有相当深度，特别是作者读出了陆羽贯穿《茶经》全书的一个茶道精神——"茶性俭"，从而倡导"精行俭德"。为此，本书作者详细考察和分析了陆羽强调"俭德"的时代背景，以及它的历史意义和现代意义，从而本书作者又进一步指出，《茶经》这部书的重点是在它所阐发的茶道精神层面，而不仅仅是茶艺的层面。作者的这一点拨，道出了中国传统文化的一个重要特点，即在中国传统文化中，任何"艺""技"或"器"都不只停留于技艺、器物层面，其中都蕴含着深刻的道理，通过技艺、器物的学习或操作，更重要和更根本的是要去悟得和践行其中所载之"道"。所以作者强调《茶经》中的茶道精神，是极为重要的。作者希望老朽为本书写一篇序，于是我就把平时读《茶经》和读这本《茶经解读》后的一些感想与浅见，写出来与读者们交流交流，权充作序。

楼宇烈

二〇一九年九月

唐代陆羽撰写的《茶经》，在茶叶发展史上具有里程碑意义。这部划时代的经典著作，语言精练，内涵丰富，涉及茶之起源、性状、生态、种茶、采茶、制茶、茶之史料、茶区分布、品质差异、茶之用具和品茶之道等，是问世最早的茶学百科全书。《茶经》的诞生，标志着古代茶学的创立，同时，也显示茶学文理相融的特色。如今茶区遍及五大洲，茶叶已成为世界性的保健饮料，茶文化在全世界广为传播，究其渊源，均系茶圣陆羽创立的茶学及其众多后继者发扬光大的必然结果。

余杭老茶人吴茂棋先生及夫人许华金女士、"茶二代"吴步畅受杭州市余杭区茶文化研究会的重托，精心编著《茶经解读》，是学习、研究和传播《茶经》这一历史性巨著的又一有益尝试。我们有幸先睹书稿，被其独特的视角、创新的观点、丰富的史料、细致的注解和新颖的体例所吸引。

作者认为茶圣陆羽撰写《茶经》的主要目的，是为了倡导"精行俭德"的茶道精神，而他们对其解读的重点，在于揭示《茶经》这部百科全书"器"的外壳下茶之"道"即茶之思想或理念。透过对《茶经》上、中、下三卷十个类目的分析解释，以及对其他史料的旁征博引（如陆羽著《茶经》的历史背景、写《毁茶论》的起因等），作者厘清和强调陆羽茶道思想的解读主线贯穿始终、十分清晰。这个以"道"为重、"器"为"道"用的解读视角，对于建设我国当代茶文化，探讨与宣传"中国茶德"和"以茶育德"思想，反对奢靡茶风，有着重要的现实意义。

作者运用现代茶叶科技知识，在《茶经》解读中提出了许多独到的观点与见解。比如对称为水之上品"乳泉"的解释，许多学者以及《辞海》都把它解释为石钟乳的滴水，但作者认为这种含钙、镁离子的硬水并不宜茶，提出了"乳泉"应理解为"甘美清洌的山泉"的观点。再如对唐代饼茶的归类，作者认为其蒸汽杀青后的"捣""压饼"、自然风干属于"湿闷"，放在"育"中烘属于"干闷"，对照工艺及汤色的描述，提出了似可归类于黄茶类或黑茶类的观点。这种融入现代茶学知识的解读方法，不落窠臼，颇有创见，益于争鸣，是非常值得提倡的。

解读经典古籍，往往易拘泥文字注释与翻译而影响可读性。但本书在体例上别具一格，在原文、译文和注释之外，特列"要点解读"作为重点内容，为述说故事、旁征博引、辨析讨论开辟了空间。此外，书中选配图片，使茶事器具、重要人物获得直观展示；又列入概览表格，让二十四器和茶艺诸要点清楚明了。同时，作者阐述观点或提出论据时，引用了大量优美的古代茶诗词。诗韵茶香，清泉松烟，读罢掩卷，逸思妙趣，仿若与古时茶人骚客相晤也。

吴茂棋先生及夫人许华金女士，五十余年前在杭州华家池畔共读茶学，长期从事茶叶科技工作，对茶与茶文化多有积累和研究，取得了许多研究成果。他们现在年逾古稀，一年多来为写作本书，不顾年迈多病，克服种种困难，收集资料，沉潜古文，问辨考据，笔耕不辍，充分体现了当代茶人"以身许茶"的奉献精神。本书的完成，是"以茶育德"理念的重要践行，也必将有力促进陆羽茶道思想的研究与传播。

遵作者之嘱，草此短文，聊以为序。愿共同努力，使茶圣陆羽"精行俭德"的《茶经》之魂代代相传，远播天下。

刘祖生　胡月龄

二〇一九年七月十六日

余杭是陆羽的著经之地（参见书后附录的相关史料），有义务在《茶经》的研究、宣传、推广方面努力作出我们应有的贡献。

陆羽，字鸿渐，一名疾，字季疵，自号桑苎翁、东岗子，江湖上称其为竟陵子、茶仙、茶神。陆羽出生于唐玄宗开元二十一年（733），唐德宗贞元末（804）卒，一生经历唐玄宗、肃宗、代宗、德宗四朝。陆羽撰写的《茶经》，是世界上第一部茶书，而且也是第一部茶道之经。这部《茶经》，虽然已距今一千二百多年了，但对当代茶界而言仍有其研究价值，尤其是他倡导的"精行俭德"的茶道精神，对社会主义的精神文明建设而言，则仍不失为是一种正能量。

《茶经》原文共分上、中、下三卷，之源、之具、之造、之器、之煮、之饮、之事、之出、之略、之图十章，全文七千余字，但其文古涩，甚至可用奥质奇离来形容。本文是在《茶经》研究方面许多现有成果基础上着手编撰的，其中最主要的是吴觉农先生的《茶经述评》。本书所采用的《茶经》版本，除句读上有所变动外，也基本上以吴觉农《茶经述评》中的校本为准。本书在编撰方法上，为了便于原文与译文、释注、解读的一一对照，故而把《茶经》原文各章都分成为若干节，并根据内容给予一个尽可能适当的标题。

陆羽撰写的《茶经》，思想性强，其中重点就是宣传他"精行俭德"的茶道理念，且大有以此教化天下之宏愿，故而也因此自名其著为"经"。《茶经》中所说的"茶性俭"，即茶道的核心理念是俭。

本书重在解读，其中比较新颖的观点有：◎《茶经》是茶以载道的经典著作；◎"茶者，南方之嘉木也"中的"嘉"是"善"的意思，正如《道德经》所云："上善若水。水善利万物而不争，处众人之所恶，故几于道。"◎"紫者上"中的"紫"是比喻，实质是嫩黄色；◎《经》中的"俭"是约束的意思，主要是要约束私欲，从而才能达到无私的最高境界；◎陆羽将茶篓名之为籝，其意是为了引出"黄金满籝，不如一经"这一典故；◎《经》中的"笋者"，既是指茶芽饱满如笋，更是指整个新梢鲜嫩如笋，鲜嫩得像刚出土的豌豆苗，或刚破土的紫蕨；◎陆羽把茶道具名之为器，是为了器以载道，即以形而下者之器，表达形而上者之道；◎风炉是陆羽立鼎铭志，器以载道的经典之作；◎"炭檛"引出"河陇"之痛，彰显了陆羽对唐朝廷失俭误国的感伤；◎"四之器·鍑"中的"正令""务远""守中"是说修习茶道需要正身和知行合一，需要有远大理想，修道时要守住虚无清静的心境；◎陆羽认为银鍑"涉于侈丽"，再次彰显了陆羽所推崇的是精行俭德之道；◎"四之器"中"彼竹之筴，津润于火，假其香洁以益茶味"句，说明花茶技术起源于唐，比传统说法至少要提早二百多年；◎唐代饼茶应归类于黄茶，甚至是黑茶类；◎"五之煮"中的"乳泉"是指"甘美清冽的山泉"，而决非"石钟乳上之滴水"；◎"五之煮"之"茶性俭，不宜广"中的"广"，其主意是"奢侈"；◎"六之饮"中"荡昏寐"一说中的"昏寐"主要是指人们心灵上的种种昏寐；◎《经》中的"九之略"应翻译为"茶事活动筹备概略"；◎"十之图"中"图"的主意是"慎迺俭德，惟怀永图"的意思，图的是"精行俭德"的茶道理念能得以"永图"；◎《毁茶论》的正确译义应该是"通论茶道的被毁"；◎吴觉农先生践行和发展了陆羽的茶道精神。

研究认为，陆羽之所以终身以坚持"茶性俭"为己任，这是与他所经历的那段历史分不开的。陆羽生于盛唐巅峰期，长于酿乱期，目睹了大唐朝政由俭转奢，盛极而衰的全过程。在这个全过程中，最典型的戏剧性人物当以唐玄宗李隆基莫属。李隆基在其即位之初（712），应该说是一个躬行节俭的典范，并启用宋璟为相，朝廷政治清明，从而开创了国力强大、经济发达、文化繁荣的开元盛世，在中国历史上留下了辉煌的一页。但是，唐玄宗在躬行节俭，励精图治，达到极盛顶点后，就以骄侈代替了节俭，奢侈无度。结果是朝廷统治层的一切消极因素都乘机活跃，上行下效，物欲横流，为追求"物精极、衣精极、屋精极"（陆羽语）的目标相互倾轧，最终开启了大唐帝国由盛转衰的酿乱期。史学界通常都把开元二十四年 (736) 作为中唐酿乱期的开始，这年玄宗启用李林甫为相，而李林甫最大的本事就是摸透了玄宗的骄侈心理，让他放心纵欲，而且信任有加，直到病死。天宝三年 (744)，玄宗谋取寿王 (唐玄宗第十八子) 妃杨玉环，封为贵妃，从此进一步沉迷在声色之中。李林甫死后，唐玄宗启用杨国忠为相，他和李林甫一样，善于迎合上意，同好同恶，还善于搜括民财，广受贿赂，连他自己也曾对人说，我偶尔碰上机会，谁知道日后是什么下场，不如眼前享它个极乐。天宝年间的这种奢侈乱象，对当时像陆羽等有正义感的文人士大夫们而言是非常反感的，其中最著名的有：诗圣杜甫的"朱门酒肉臭，路有冻死骨"；诗仙李白的"宫中谁第一，飞燕在昭阳""借问汉宫谁得似，可怜飞燕倚新妆"等诗句，直指杨贵妃即西汉的赵飞燕，是亡国的祸水；诗人元结于天宝六载所作的《乱风诗·至惑》中序云"古有惑王，用奸臣以虐外，宠妖女以乱内，内外用乱，至于崩亡"，显然是直斥唐玄宗。

　　唐玄宗由俭转奢所致的种种乱象，最终招致的恶果是天下大乱。天宝十四年 (755) 冬，安禄山公开叛乱，次年六月，关门不守，唐玄宗逃出西京，到马嵬驿，六军不进，随行兵士杀杨国忠，又迫唐玄宗杀杨贵妃，唐玄宗也被迫退位，算是平息众怒，李亨即皇帝位 (唐肃宗)。这段历史，史称安 (禄山) 史 (思明) 之乱。对此，北宋史学家司马光曾评论说："明皇之始欲为治，能自刻厉节俭如此。晚节犹以奢败。甚哉！奢靡之易以溺人也。诗云'靡不有初，鲜克有终'，可不慎哉！"

　　陆羽是安史之乱的亲历者，故而不仅仅是深知"俭"对修身、齐家、治国、安天下的意义，而且其感受是特别深的。他在《自传》中说："自禄山乱中原，为《四悲诗》，刘展窥江淮，作《天之未明赋》，皆见感激当时，行哭涕泗。"即：两篇诗文的内容都表达了对当时朝政乱局的感 (伤) 与激 (愤)，并到了行哭涕泗的程度。至于《四悲诗》悲什么？《天之未明赋》又是什么内容？都未传世，但陆羽对中唐时期由于朝廷由俭转奢，以致唐朝由盛转衰的悲愤程度是可以想见的，甚至是到了偏激的程度，"天"者朝廷也，矛头直指当时侈靡腐朽的唐皇朝。陆羽一生著作很多，除《四悲诗》《天之未明赋》外，还有《君臣契》三卷、《源解》三十卷、《江表四姓谱》八卷、《南北人物志》十卷、《吴兴历官记》三卷、《湖州刺史记》一卷、《茶经》三卷、《占梦》三卷等，但除《茶经》得以传世外，其余皆不传。陆羽在《自传》中说："少好属文，多所讽谕"。"讽谕"是诗的一种表现方式，通常用来讽谏统治者。看来陆羽之文大多不传的根本原因，大概就盖出于"多所讽谕"，有伤朝廷体面之故吧！最终只得载道于《茶经》，或隐或喻地谏议统治阶层应该精行俭德。对此，晚唐诗人李商隐也有诗曰："历览前贤国与家，成由勤俭败由奢"！

笔者是受杭州市余杭区茶文化研究会委托撰写《茶经解读》的，并蒙出版为感。不过需申明的是，我俩虽系茶界一员，但都是从事基层茶叶技术推广的科技工作者，退休后才开始涉足茶文化，才疏学浅，错误之处在所难免，"茶二代"吴步畅也积淀尚浅，故而就只能伏望各方批评指教了。

幸运的是，本书初稿出来后，便得到母校（浙江大学）刘祖生教授、胡月龄教授，以及北京大学楼宇烈教授的精心指点，纠正了不少谬误，并热情地为本书作序，不胜感激。

吴茂棋　许华金

二零一九年九月

目·录

茶经卷 上

茶经卷 中

茶经卷 **下**

茶经解读

茶经卷·一之源

第1节 茶的品行和特征

原文

　　茶者，南方之嘉木也，一尺，二尺，乃至数十尺，其巴山峡川有两人合抱者，伐而掇之。其树如瓜芦，叶如栀子，花如白蔷薇，实如栟榈，茎如丁香，根如胡桃。（原注：瓜芦木，出广州，似茶，至苦涩。栟榈，蒲葵之属，其子似茶。胡桃与茶，根皆下孕，兆至瓦砾，苗木上抽。）

译文

　　茶君，是生长在南方的树木，是树中道行至善的君子[1]，树高自一尺、二尺、直至数十尺，在巴山峡川[2]这些地方甚至有两人合抱的大茶树，需要把它的树枝砍下来才能采摘。茶的树型如瓜芦[3]，叶子如栀子[4]，花如白蔷薇[5]，籽实如栟榈[6]，茎干如丁香[7]，根如胡桃[8]。（原注译：瓜芦木生长在广州一带，很像茶树，味极苦涩。栟榈是蒲葵[9]一类的植物，它的籽实与茶的籽实相似。茶树的根系同胡桃一样都是向下生长的，能下扎至地下很深的地方，而树身则向上生长。）

释注

1. 原文"嘉"：《尔雅》云，"嘉，善也"。《尔雅》是中国最早的辞典，约成书于春秋战国时代，曾被后世儒家列为十三经之一。

2. 巴山峡川：指的是现今四川东部、重庆和湖北西部一带。

3. 瓜芦：大叶冬青中的一种，亦名苦蔖茶，冬青科，叶大、味苦涩。"瓜芦"一名首见于东汉年间的《桐君录》，陆羽在《茶经·七之事》中也引用了《桐君录》："南方有瓜芦木，亦似茗，

树龄 2700 年的野生古茶树

至苦涩，取为屑茶饮，亦可通夜不眠"的记载。看来，瓜芦木不仅形态如茶，而且饮用功能也似茶，故后人也有认为瓜芦就是茶的一种，但陆羽在这里的意思是很明确的，即认为瓜芦是非茶之茶。

4. 栀子：茜草科植物。其叶似茶，披针形，顶端渐尖，叶脉8—15对。

5. 白蔷薇：指白花蔷薇，蔷薇科植物。

6. 栟榈：棕榈科植物。栟榈即棕榈，其果实在初看之下与茶果极为相似。

7. 丁香：丁香有两类，一类属桃金娘科，另一类属木犀科，陆羽说茎如丁香，应该是指木犀科丁香。

8. 胡桃：胡桃科，乔木，俗称核桃，主根发达且深。

9. 蒲葵：蒲葵亦属棕榈科，叶能作蒲扇，树型与棕榈相像，但棕榈的果实与茶的果实更相像一些。

要点解读　陆羽所处的唐朝，是一个思想极其丰富的历史时期，不仅可以"文以载道""诗以言志""乐以象德"，而且也可以"物以载道"，其中《茶经》就是一部"茶以载道"的经典著作，而且开篇就说："茶者，南方之嘉木也。"古时"嘉"是"善"的意思，而"善"呢?《道德经》第八章云："上善若水。水善利万物而不争，处众人之所恶，故几于道。"众所周知，茶乃草木之属，原本是无所谓"嘉"也无所谓"善"的，但陆羽显然是将茶拟人化了，并俨然将茶褒扬为道德至善的君子，这也是他之所以会把自己的一部论茶之作尊为"经"的理由，同时也说明陆羽写《茶经》的初衷就是把它作为一部"茶道之经"来写的。对此，唐后的宋人苏轼也曾像《茶经》这样，将茶视为道德君子，赋茶名以"叶嘉"，并专门撰有《叶嘉传》一文（《苏轼文集》第2册），文中将叶嘉（茶）描写成至善至美的道德君子。

故而，陆羽的《茶经》在事实上是以弘扬茶道为主的，但同时也是全世界第一部茶的百科全书。

第 2 节 茶的名和字

原文

其字，或从草，或从木，或草木并。（原注：从草当作茶，其字出《开元文字音义》。从木当作榎，其字出《本草》。草木并，作荼，其字出《尔雅》。）其名，一曰茶，二曰槚，三曰蔎，四曰茗，五曰荈。（原注：周公云"槚，苦荼。"杨执戟云"蜀西南人谓茶曰蔎。"郭弘农云"早取为茶，晚取为茗，或一曰荈耳。"）

译文

茶君的字[1]，就其属性而言，可以从草，可以从木，也可以草木皆从。（原注译：从草的话，应该为"茶"，这个字出自《开元文字音义》[2]。从木的话，应该为"榎"，这个字出自《本草》[3]。草木皆从的话，应该为"荼"，其字出自《尔雅》。）其名[4]有五：一名茶，二名槚[5]，三名蔎[6]，四名茗[7]，五名荈[8]。（原注译：周公说"槚就是苦荼[9]。"执戟杨雄说"四川西南部的人叫茶为蔎。"弘农太守郭璞说"早取为茶，晚取为茗，又名叫荈。"）

释注

1. 字：古人既有名，又有字。陆羽把茶尊为道行至善的君子，故而也该有字。在古代，同辈间直呼其名是不恭的，要以字相称才能显得尊重。

2. 《开元文字音义》：是与《说文解字》相似的字书，由唐玄宗作序颁行。

3. 《本草》应该是指唐显庆四年由李勣（即徐懋公）等修订的《新修本草》，也称《唐本草》，中有"榎"字。

4. 名：名又叫本名，是出生后由父母

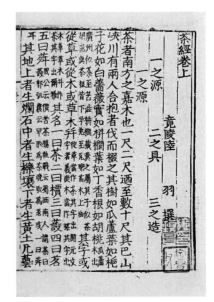

《茶经·一之源》前二节

取的，但一般也只供长辈称呼，或自称以示谦逊。

5. 槚：音jiǎ。《尔雅·释木》：槚，苦茶。

6. 蔎：音shè，古四川方言。陆羽《茶经》引西汉杨雄《方言》云：蜀西南人谓荼曰蔎。

7. 茗：音míng。《说文解字》·卷一·艸部：茗，荼芽也，从艸，名声，莫迥切。

8. 荈：音chuǎn。陆羽《茶经·七之事》引郭璞《尔雅注》云：今呼早取为荼，晚取为茗，或一曰荈。

9. 原文"荼"，"茶"字始于唐《开元文字音义》，《茶经》中陆羽为正名，从而把所有的"荼"都改写成"茶"。但这样一来，有时也会造成某些麻烦，故而坚持《茶经》原文不变的前提下，在译文、释注、要点解读中恢复原著中的"荼"。以下碰到类似情况皆同。荼：东汉·许慎《说文解字》荼，苦荼也。宋代徐铉注：此即今之茶字。

要点解读　陆羽视茶为君子，所以光有名显然是不够的，也应该赋予其字。至于赋予一个什么字才合适，陆羽似乎没有肯定的说法，而是提出了三种建议（即三个"或"），其中一是从草的茶，二是从木的槚，三是草木皆从的荼。其实，茶及槚、荼、槚、蔎、茗、荈等都是茶的称谓，但陆羽在此却刻意将它们分成字和名两组，而且"茶"和"荼"在古字典中都从草（艸），并无"草木并"之说。故而只有一种解释，那就是再次证明了陆羽是把茶当作道德君子来尊重的，拟人化了。

第3节　宜茶土壤及栽培

原文

其地，上者生烂石，中者生栎壤，下者生黄土，凡艺而不实，植而罕茂。法如种瓜，三岁可采。

 译文

就茶树对土壤的要求和品质而言，以烂石[1]为上，栎壤[2]为中，黄土[3]为下。凡是技术上不符合这一实际要求的，即使种了，也罕见能长得茂盛的。种茶的方法像种瓜[4]，种植三年后就会有茶可采了。

释注

1. 烂石：应理解为原生矿物含量丰富的，属"山地黄泥砂土"一类的土壤，在浙江省杭、嘉、湖地区，一般多分布在海拔500米以上的高山上，属黄壤类，土壤酸性，腐殖质含量极其丰富，土体中含大量花岗岩、石英砂岩等风化物，故而各种原生矿物和微量元素供给量充足，十分有利于茶叶品质的形成。

2. 栎壤：从仅次于"烂石"而言，应理解为是"黄泥砂土"一类的，黄壤向红壤的过渡性土壤。其特点是：土壤酸性，土层深厚，腐殖质含量高，含砂量也高，故土质疏松。原文称其为"栎"壤，也有腐殖质含量丰富之意。"栎"即栎树，是喜欢生长在向阳山坡上的一种落叶乔木，每年秋冬季节都会产生大量落叶，从而增加土壤腐殖质含量。

3. 黄土：应该就是"黄泥土"一类的红壤，土壤母质高度风化，酸化，粘化，适宜于茶树生长，但比前两类土壤明显逊色。

4. 种瓜：北朝·魏·贾思勰《齐民要术》对古代的种瓜有详细记载："先以水净淘瓜子，以盐和之，先卧锄耧却燥土，然后掊坑，大如斗口，纳瓜子四枚，大豆三个，于堆旁向阳中，瓜生数叶，掐去豆"。至于种茶的方法，在唐·韩鄂的《四时纂要》中也讲得很清楚："种茶，二月中于树下或北阴之地开坎，圆三尺，深一尺，熟斸（音zhù），著粪和土，每坑种六、七子，盖土厚一寸强……旱即以米泔浇"。是故，陆羽说种茶"法如种瓜"。

【要点解读】本节中最为难解的是"凡艺而不实"五字，故而过去曾有译者不得已而回避之，如明·钱椿年在《茶谱》中只简单地理解成"艺茶欲茂，法如种瓜"，从而把"凡艺而不实"回避掉了。而美国乌克斯在《茶叶全书》中译解《茶经》时，就干脆把"凡艺而不实，植而罕茂"全段都省略掉了。

对此，笔者认为，问题是出在把此句与前句"其地，上者生烂石，中者生栎壤，下者生黄土"割裂开了。陆羽讲的这三种土壤都是宜茶的酸性土壤，土壤不适宜的话，即使种了也肯定长不好，这是种茶人众所周知的道理。语法上也是说得通的，"凡"就是凡是，"艺"就是技艺，这里是专指茶树适宜的土壤及种茶技术等，"而"是转折词，"不实"就是不切实际，这里是特指"不符合茶树对土壤的特殊要求"。

第4节 宜茶生态与品质

原文

野者上，园者次。阳崖阴林，紫者上，绿者次；笋者上，牙者次；叶卷上，叶舒次。阴山坡谷者，不堪采掇，性凝滞，结瘕疾。

译文

茶的自然品质，以野生茶为上，人工栽培的较次。好茶一般都生长在后有陡峭山崖且林木成荫的向阳山坡，其中又以芽叶呈嫩黄色的为上[1]，而转绿的为次；以茶芽颖长如笋者为上，芽梢短小者为次；以幼叶卷曲未展的为上，而叶片已舒展的为次。至于生长在阴山坡谷的茶叶，就不要去采了，因为这种茶叶寒性凝滞[2]，会使人腹中生肿块[3]。

释注

1. 原文"紫者上"：句中的"紫"应理解为嫩黄色。

2. 性凝滞：即中医所说的寒性凝滞，意思是因遭寒邪，致使气血运行不畅，经络不通。

3. 原文"瘕"：腹中肿块。

要点解读

本节有两处特别精妙：

一是"阳崖阴林"。向阳的陡峭山崖，既避西北寒流，又迎紫气东来生云吐雾，还可为崖下茶林提供源源不断的水分和原生矿物元素。崖下绿树成荫，茶在林下，漫射光洒满林间，终年温暖湿润。故而，虽然只区区四字，但已经把有利于名茶品质形成的地形、地貌及生态环境描绘得理想极了。

二是所谓"紫者上"。虽离奇难解，但细究之后则不得不佩服陆羽用词的精奥。业界皆知，紫芽是因芽叶中花青素偏高所致，花青素味苦，而且味阈很低，只要0.01%就会使茶汤发苦，所以紫色芽叶所加工的茶叶都品质不好，这一点对陆羽来说是不可能不知道的。再者，在古代中国是不可能有品种意义上之紫芽茶的，其成因往往与强烈的日照及紫外线有关，而陆羽是特别推崇"阳崖阴林"这种名茶生态环境的，怎么可能与真正意义上的紫芽茶联系得起来呢？所以从逻辑上分析，陆羽"紫者上"中的"紫"应该是一种比喻，而不可能是真正意义上的紫颜色。

例如，黄金是黄颜色的，但古人比喻黄金成色时，就有"七青、八黄、九紫、十赤"之说，说九足金的颜色是"紫"色的。如此看来，陆羽也完全有可能用黄金之色来比喻上品茶芽的呀！况且顶级鲜嫩的茶芽都是嫩黄色的，之后便随着芽叶的成熟渐渐转绿，继而转青。特别是生长在"阳崖阴林"中的茶叶，初始时则更是嫩黄得水灵可爱的，在晨曦下还真有点儿"紫"的珍贵。

故而，在古诗人笔下往往也把顶级茶叶喻作"黄金芽"，例如唐·卢仝在

《走笔谢孟谏汉寄新茶》中就有"天子须尝阳羡茶,百草不敢先开花。仁风暗结珠蓓蕾,先春抽出黄金芽"之名句。诗中的阳羡茶也称紫笋茶,可见紫笋茶并非紫芽茶所制,而是先春抽出的嫩黄色的"黄金芽"所加工而成。

又例唐·杜牧《题茶山》诗中则更是把嫩黄得水灵可爱的茶芽长势比喻成"泉嫩黄金涌,牙香紫蟹裁",可见"黄"与"紫"原本就是一码子事。

再举一例,被称为陆羽忘年之交的皎然,在他的《顾渚行寄裴方舟》一诗中叹道:"女宫露涩青芽老,尧市人稀紫笋多。紫笋青芽谁得识,日暮采之长太息。"所以,总而言之,陆羽所说的"紫",实非真的紫色,而是以黄金之色喻茶,故而将其理解成"嫩黄色"较为贴切。

第5节 茶的药用、养生及人生修为价值

原文

茶之为用,味至寒。为饮,最宜精行俭德之人。若热渴、凝闷、脑疼、目涩、四肢烦、百节不舒,聊四五啜,与醍醐、甘露抗衡也!

译文

茶,作为药用而言,其性味是属于寒性的[1]。作为饮料的话,最适宜于专一[2]崇俭[3]修道的人。如若你感到炎热干渴、凝闷、头疼、眼睛干涩、四肢疲劳、关节不舒服的话,就不妨饮几口茶,其功效与醍醐[4]、甘露[5]是不相上下的喔!

释注

1. 原文"味至寒":性和味是基本的中医学药性理论,即指寒、热、温、凉

四种药性，及酸、苦、甘、辛、咸五种药味。陆羽在《茶经·七之事》中引《本草·木部》云："茗，苦茶。味甘、苦，微寒，无毒。主瘘疮，利小便，去痰渴热，令人少睡。秋采之苦，主下气消食。"

2. 原文"精"：《广韵》曰"熟也，细也，专一也。"《广韵》虽成书于北宋，但它是根据前代《切韵》《唐韵》等韵书修订而成的一部重要韵书。

3. 俭：《说文解字》曰"俭，约也"。注曰："约者，缠束也。俭者，不敢放侈之意。"

4. 醍醐：酥酪中提炼出的油，味极甘美。佛教常用以比喻佛性。

5. 甘露：甘美的露水，古人誉其为"天之津液"，《老子》："天地相合，以降甘露。"

<table>
<tr><td>要点
解读</td></tr>
</table>

陆羽认为，茶不仅有药用和保健作用，而且最宜精行俭德之人修道。"最宜"两字再次突显陆羽的《茶经》是把"茶道"作为重点来写的，而茶的其他方面只不过为了求全而已。在陆羽看来，茶是"嘉"木，嘉者"善"也，上善若水，水善利万物而不争。茶的品行与水一样，上善若茶，也是以无私奉献为最高境界的道德高人。而且，陆羽还认为"茶性俭"（茶经卷下·五之煮），与精行俭德之人的"俭"正好是同一种德行，所以他们是最志同道合的派对。《说文解字》曰"俭，约也"，要约束什么呢？归根结底就是要自觉约束各种形式的私欲，从而才能达到"无私"的最高境界，反之，如若无约束地放纵私欲，则势必成恶，还能够修成什么"德"和"道"的呢！正如春秋·左丘明的《左传》所曰："俭，德之共也。侈，恶之大也。"

第6节 关于茶害

原文

采不时，造不精，杂以卉莽，饮之成疾，茶为累也。亦犹人参，上者生上党，中者生百济、新罗，下者生高丽。有生泽州、易州、幽州、檀州者，为药无效，况非此者，设服荠苨，使六疾不瘳。知人参为累，则茶累尽矣。

译文

如若你饮用的是采摘时机不适当的，加工工艺不精到的，以及混有非茶类夹杂物[1]等的伪劣茶，那的确是有害的[2]。饮茶有害之说，与人参有害之说极其相似，众所周知，上等的人参产于上党[3]，中等的产于百济[4]、新罗[5]，下等的产于高丽[6]，至于那些产于泽州[7]、易州[8]、幽州[9]和檀州[10]的人参是没有药效的，如果服用的是荠苨[11]，虽然形态像参，但根本不是人参，什么病也治不好[12]，于是就有了人参有害之说，它与饮茶有害之说是一样的。

释注

1. 原文"卉莽"：指非茶类夹杂物。宋徽宗《大观茶论》："其有甚者，又至于采柿叶桴榄之萌，相杂而造，时虽与茶相类，点时隐隐如轻絮，泛然茶面，粟文不生，乃其验也。桑苎翁曰：杂以卉莽，饮之成病。可不细鉴而熟辨之。"
2. 原文"累"：害处。
3. 上党：在今山西省长治市一带。汉唐时期均以上党人参为最，但到宋代时便绝迹了，有研究认为，是因当时的人为原因导致生态破坏的结果。
4. 百济：唐时朝鲜半岛上的一个小国，在半岛的西南部。
5. 新罗：唐时朝鲜半岛上的一个小国，在半岛的东南部。
6. 高丽：即今朝鲜部分。
7. 泽州：今山西晋城。
8. 易州：今河北易县。
9. 幽州：唐时幽州，相当于今北京市及所辖通州、房山、大兴和天津武清、河北永清、廊坊等地市县。
10. 檀州：今北京密云县。
11. 荠苨：草药名，其根茎似人参，一名地参。
12. 原文"六疾不瘳"：瘳，音chōu，病愈、治愈的意思。

[要点解读] 唐人尚茶，比屋皆饮，但并非只有一种声音。北宋·赵令畤《侯鲭录》就记载了唐右补阙綦毋旻因不喜欢饮茶而著《伐茶饮序》，文曰："释滞消壅，一日之利暂佳；瘠气耗精，终身之累斯大。获益则归功茶力，贻患则不咎茶灾。岂非为福近易知，为祸远难见欤"。

　　此论在明·屠隆《考盘余事》中也有记载，文字内容也完全一样，但说是出自一代女皇武则天之口，但不管是出自武则天的金口也好，还是綦毋旻的《伐茶饮序》也罢，都是来自朝廷的权威声音，故而对视茶为"嘉"的陆羽而言，是必须认真正视的。因此，笔者据此大胆揣测，这一节文字就是为了应对"茶害"论的，不然就变得怪怪的了，况且这节文字还是《茶经·一之源》的结尾。当然，对于这种来自皇宫的悖论，陆羽在回应的笔法上是很谨慎的。但不难看出，"茶害"论的原本概念已发生了根本性的改变，是伪劣茶有害，而非笼统的茶有害。

　　以上，综合全章，虽然《茶经·一之源》是《茶经》的概论篇，茶的产地、属性、宜茶生态环境、栽培方法、采摘、加工、品质及茶的功效都涉及到了，但不难看出，陆羽落笔的重点是他的茶道。《茶经》一开篇就把茶尊之为"嘉木"，继而又赋予其"名"和"字"，在言及功效时还重点点明了"为饮，最宜精行俭德之人"。

　　嘉者，善也。上善若水，水善利万物而不争。茶君也然，上善若茶，年年岁岁都以上品嫩芽等待人们去采摘，而且从不争功，具备无私奉献的最高道德境界。至于为什么"最宜精行俭德之人"，陆羽在本章没有明说，但《茶经·五之煮》中则专有"茶性俭"一节，故与精行俭德之人堪为至友。

で八北條家執權平時賴の時にあたる〇「綦毋旻茶飲序」釋滯消壅一日之利暫佳瘠氣侵精終身之害斯大。本艸綱目引此文脫綦字天中記亦脫古今養生錄亦同證類本艸有綦字、

日·山冈俊明《类聚名物考》中有关綦毋旻《伐茶饮序》中饮茶有害的记载

茶经解读

茶经卷 **上** · 二之具

第1节 茶籝

 原文

籝，一曰篮，一曰笼，一曰筥。以竹织之，受五升，或一斗、二斗、三斗者，茶人负以采茶也。（原注：籝，音盈，《汉书》所谓"黄金满籝，不如一经。"颜师古云："籝，竹器也，容四升耳。"）

译文

籝[1]，又有叫篮，笼，或筥[2]的。籝用竹篾编织而成，容量有五升[3]、一斗[4]、三斗等，是采茶人随身背着盛贮鲜叶用的。（原注译：籝，音盈，《汉书》中有所谓"黄金满籝，不如一经"[5]的说法。颜师古[6]说，籝就是一种竹器，容积约为四升。）

释注

1. 籝：读音yíng，古汉字，竹笼的意思。
2. 筥：读音jǔ，圆形的盛物竹器。
3. 升：古代容积标准单位，汉袭秦制，每升约合今200毫升，隋唐时开始有大小升之分，大升约合今600毫升，小升仍为200毫升。
4. 斗：唐代容积单位，有大小斗之分，10升为1斗。
5. 黄金满籝，不如一经：语出《汉书·韦贤传》。后世（宋）的《三字经》也引用过这一典故："人遗子，金满籝，我教子，惟一经"。
6. 颜师古：唐初经学家，曾为《汉书》作注。

要点解读

"籝"是古汉字，泛指存贮珍宝的竹器，颜师古在《汉书》中曾注曰："今书本籝字或作盈，又是盈满之义。"说明这个"籝"字在古代也不常用。至于为什么陆羽不仅要把茶篓子名之为"籝"，而且还为这个"籝"字引经据典地加了26个字的注。但只要细心琢磨，并同书名《茶经》的"经"、《茶经·一之源》中的"嘉木""精行俭德"等连贯起来分析，则个中精妙还是很明显的，其中主要有二：①这里的"籯"字与《汉书》中装黄金的"籯"是同一个意思，但这里的"籯"是用来盛贮茶叶（鲜叶）的，足见茶与黄金一样尊贵，故而后

战国商鞅方升，高2.32厘米，通长18.7厘米，容积202.15毫升。

人也常有把早春的茶（鲜叶）喻为"黄金芽"的。②借用《汉书》中"黄金满籯，不如一经"这一典故，用以间接地表达作者的人生观及价值取向，也即其撰写《茶经》的初心。

至于"籯"的大小，颜师古在《汉书》的注中说："籯，竹器也，容四升耳。""升"是古代的容积单位，秦统一度量衡后，始以"商鞅方升"为"升"的标准量具，其容积约为今的200毫升，此后汉袭秦制，故一升仍为约200毫升。所以，陆羽笔下的茶籯，小的只有五升，约合今1000毫升左右，比贮存黄金的籯大不了多少，约能装早春的"黄金芽"200克左右罢了，当然也有大到三斗（注：十升为一斗）的，约合今6000毫升，但也只能装鲜叶1.5千克左右。

第2节 饼茶加工工具

 原文

灶：无用突者。

釜：用唇口者。

甑：或木或瓦，匪腰而泥。篮以箅之，篾以系之。始其蒸也，入乎箅；既其熟也，出乎箅。釜涸，注于甑中（原注：甑不带而泥之）。又以榖木枝三亚者制之。散所蒸芽笋并叶，畏流其膏。

杵臼：一曰碓，惟恒用者佳。

规：一曰模，一曰棬。以铁制之，或圆、或方、或花。

承：一曰台，一曰砧。以石为之。不然，以槐、桑木半埋地中，遣无所摇动。

襜：一曰衣。以油绢或雨衫、单服败者为之。以襜置承上，又以规置襜上，以造茶也。茶成，举而易之。

芘莉：一曰籝子，一曰篣筤，以二小竹，长三尺，躯二尺五寸，柄五寸。以篾织方眼，如圃人土罗，阔二尺，以列茶也。

棨：一曰锥刀。柄以坚木为之。用穿茶也。

朴：一曰鞭。以竹为之。穿茶以解茶也。

焙：凿地深二尺，阔二尺五寸，长一丈，上作短墙，高二尺，泥之。

贯：削竹为之，长二尺五寸。以贯茶焙之。

棚：一曰栈。以木构于焙上，编木两层，高一尺，以焙茶也，茶之半干，升下棚；全干，升上棚。

译文

灶：不需要有烟囱[1]的。

锅：选边缘有唇口的。

甑[2]：可用木制，也可以用瓦片，无腰筒形，用泥密封。甑内的箅[3]是一只竹编的篮，系一篾环作为提手。蒸茶时，先将茶青摊放在篮内，然后入蒸，茶熟了就连同竹篮一同拎出。这时若锅中水不多了，要从甑中直接向下注入（原注译：因为甑是与整个灶体用泥固定了的，是不能带动的）。散湿的工具可选用三个丫杈的榖木[4]枝，蒸熟的芽叶倒出后就用它去抖散，以免茶浆流失。

杵臼[5]：又叫碓，以经常使用的为好。

规：又叫模或棬（quān），用铁制成，有圆形、方形或花形的。

承：又名台或砧子，可就地以石为台，也可用槐、桑等圆木为台，将其半埋于土中，只要稳固不摇动就可以了。

襜[6]：又叫衣，可用废旧的油绢、雨衫、单衣等做成。把襜铺放在承上，再把规放在襜上，这样就可以在上面拍制饼茶了，然后连同襜拿起来，取出饼茶。

芘莉[7]：又叫籝子或叫篣筤[8]。做法是：用两根三尺长的竹子，各留五寸作为手柄，其余二尺五寸间，用竹篾编织成方眼的筛面，筛面宽二尺，样子就像种菜人用的土筛，在此是摊放饼茶用的（即列茶）。

棨[9]：音qǐ，又名锥刀，用硬木作柄，是饼茶上穿孔用的。

朴：又叫鞭，材料是竹子，用它将穿了孔的饼茶穿起来，以方便发送[10]到下一道工序。

焙：凿一地坑，深二尺，宽二尺五寸，长一丈，地坑两边各筑一矮墙，高二尺，并抹泥光面。

贯：用竹削成，长二尺五寸，作用是把饼茶贯穿起来以便烘焙。

棚：又称栈，是置于焙上的双层木架（即上棚、下棚），高一尺（即上、下棚间的高差）。半干的饼茶先置于下棚烘焙，至全干（应理解成接近全干）时再换到上棚去烘焙。

释注

1. 原文"突"，即烟囱。
2. 甑：音zèng，即今之蒸笼，古代的蒸食器具。
3. 箄：音bì，蒸笼中的蒸隔。《说文》曰："箄，所以蔽甑底者也。从竹，畀声"。
4. 穀木：穀，音gǔ，穀木即构树，桑科，落叶乔木。
5. 杵臼：音chǔ jiù，杵和臼是一对组合，"杵"就是木杵，"臼"就是石臼，是古代用以舂捣粮食或药物等的工具。
6. 襜：音chān，是系在衣服前面的围裙。《尔雅释物》曰："衣蔽前谓之襜"。
7. 芘莉：芘音bì，芘莉，竹篾编制的摊物器具。
8. 筹筤：音páng láng，匾、盘一类的竹篾器。
9. 棨：音qǐ，古代用木头做的一种通关凭证，形状似戟。《说文》曰："棨，传信也"。在此，陆羽把穿茶饼用的锥刀也雅称为"棨"，挺有意思的。
10. 原文"解"：在此是"发送"的意思，如"苏三起解"（押送）。

要点解读　本节所列的13种饼茶加工工具，根据陆羽描述，按其功能可分为杀青、捣茶、成饼、干燥四类，并可从中略解唐代饼茶的基本工艺。

一、杀青工具——灶、锅、甑

唐代饼茶采用蒸汽杀青，灶、釜（锅）、甑三者组合成一套完整的蒸汽杀青设备。其中灶是一种没有烟囱的土灶，锅是有唇口的，所以能很稳固地安置在灶腔沿上。甑的桶身材料有木头的，也有用瓦片（指传统土瓦）围成的，四块瓦片正好能围成一个正圆型的瓦桶。唐时瓦片的规格较大，围成的瓦桶其直径约为50厘米。甑的桶身是直接安置在灶壁上的，并与锅的唇口相吻合。为了保证甑的桶身及与锅的结合部不漏气，外面要用泥裹封起来，所以这里的灶、锅、甑三者是浑然一体的，也就是说，作为甑的木或瓦实际上只相当

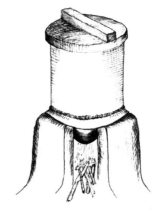

据吴觉农先生所理解的灶、釜、甑示意图

于是甑的内壁而已。甑中的蒸隔是一只圆形的竹篾提篮，它的直径应该刚好能放进蒸桶，并搁置在锅的唇口上。显然，这样的茶灶（灶、釜、甑）是一种十分简陋的土灶，但却不失科学，而且操作方便，蒸茶时只要把装好鲜叶的篮子置于蒸桶内，出叶时只需轻轻拎出就可以了，要加水直接往锅里倒就是了。至于这种蒸笼（桶）是否有盖呢，陆羽没有说，看来是可以没有的，因为只要火势旺，蒸汽足，投叶量适当，那么即使在常压（不加盖）条件下也完全能符合杀青（高温杀死鲜叶中多酚氧化酶的活性）要求的。此外，带有三个丫杈的构木枝也算是蒸汽杀青时要使用的一种辅助工具，蒸叶时可用它来翻动和抖散芽叶，据陆羽的说法是为了避免汁液流失，但客观上则还有利于杀青的匀透，以及避免闷黄等重要作用。

二、捣茶工具——杵臼

杵臼是我国远古时代就有的，是一种舂捣粮食或药物等的工具，《易·系辞下》就有"断木为杵，掘地为臼"的记载，但后来的臼一般都为石臼，《茶经》中用来捣茶的臼也应该是石质的。经年久用后的石臼内壁光滑，所以陆羽强调"惟恒用者为佳"。至于捣茶的其他事项一概未说，但众所周知，早春的鲜叶含水量很高，一般都在75%以上，蒸汽杀青后就更高了，如果就这样放到石臼中去捣，则其结果几乎是糊状的，怎能成型呢。所以，虽然陆羽没有说，但蒸汽杀青叶在放到臼中去捣之前是应该还有一道"摊凉散湿"工序的，而工具就是下面要讲到的列茶工具——芘莉。所以，芘莉不光是饼茶凉干的工具，同时也应该是杀青叶摊凉散湿的工具。至于杀青叶散湿的程度，据实验表明，其含水量应下降到60%以下才行。

三、成饼和列茶工具——规、承、襜、芘莉、棨、朴

其中规、承、襜都是拍茶成饼的工具。就地取材，因陋就简，利用有平面的巨石，或将圆木半埋土中就算是台子（承）了，再铺上废旧的油绢、雨衫、单衣之类就算是台巾（襜）了，唯饼茶的模具（规）是铁制的，但陆羽在《茶经》中没有给出尺寸。现据相关史料，唐时饼茶规格其实是没有统一标准的，而且大小相差悬殊，如唐·杨晔撰《膳夫经手录》记载："渠江（嘉陵江支流今湖南安化一带）薄片一斤八十枚"，也就是说，这种叫"渠江薄片"的饼茶其实只有8克左右。《膳夫经手录》又载曰："建州大团，状类紫笋，又若今之大胶片，每一轴十斤余"，虽未说一轴有几枚，但饼的规格之大是肯定的。

芘莉、棨、朴都是列茶工具，其中芘莉是专门用于摊放茶叶的，包括杀青叶的摊放（摊凉和散湿）和饼茶的摊放（即列茶，也即饼茶的初干）。饼茶经初干后，就用"棨"在饼茶上穿一个孔，然后再一个一个地穿在小竹竿（陆羽管这谓"朴"）上，以便于堆放和发送（发送到"焙"边去等候烘焙）。

四、干燥工具——焙、贯、棚

"焙"由炭火坑和坑上的矮墙（高二尺）两部分组成，深二尺，宽二尺五寸，通长一丈，可见当时的生产规模还不小呢。"棚"是搁在焙上的木架子，长与宽与焙一致，通高一尺，分两层，其中下层离炭火的高度是二尺许（即比矮墙稍高一点点），上层比下层要高一尺（即要加上棚的高度）。饼茶要用"贯"穿起来才能横搁在棚上烘焙，所以贯与朴的最大区别是要有足够的强度，所以要用大的竹子剖削而成。饼茶的初干是在"列茶"中完成的，陆羽说"茶之半干升下棚，全干升上棚"，所谓"半干"就是饼茶完成列茶后的干燥度，这时应把它搁在"下棚"（下层）上高火烘焙，即相当于现今的"毛火"烘焙，等到基本干燥了，就换到"上棚"（上层）上去烘焙，由于离炭火足有三尺多高，火温较低，故属文火慢烘，即相当于现今的"足火"烘焙。

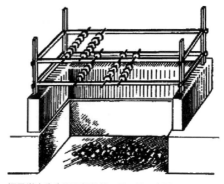

据吴觉农先生所理解的焙、贯、棚示意图

综上可见，唐时茶叶加工应该说已具有相当高的技术水平，特别是在蒸青饼茶的加工方面至今还值得借鉴，但加工的场所及设备是简陋得不能再简陋了，而且是临时性的，野外的，及近茶山就地而建。对此，唐·皮日休的《茶灶》诗中就有"南山茶事勤，灶起岩根旁"，以及《茶焙》诗中的"凿彼碧岩下，恰应深二尺"等句可作为证。

第3节 饼茶的计件单位及工具

 原文

穿（原注：音钏）：江东、淮南剖竹为之。巴川峡山，纫榖皮为之。江东以一斤为上穿，半斤为中穿，四、五两为小穿。峡中以一百二十斤为上穿，八十斤为中穿，五十斤为小穿。

穿字，旧作钗钏之钏，或作贯、串。今则不然，如磨、扇、弹、钻、缝五字，文以平声书之，义以去声呼之，其字以穿名之。

 译文

穿：音钏[1]，是把饼茶一串串穿起来的工具，在江东[2]和淮南[3]一带是用竹子剖削成的篾条，在巴川峡山[4]一带是用榖皮[5]纫[6]成的绳索。穿，又是饼茶的计量单位，有上穿、中穿、小穿之分。在江东一带，以一斤的为上穿，半斤的为中穿，四五两的为小穿。峡中[7]地区的上穿则为一百二十斤，中穿为八十斤，小穿为五十斤。

穿字，以前曾叫作钗钏的"钏"，或叫作"贯"或"串"。现在不这样了，统一定名为"穿"，去声。这就像磨、扇、弹、钻、缝五个字那样，字面上的音调都是平声，但作为名词或量词使用时，则应该读作去声。

释注

1. 钏：音chuàn，用珠子或玉石等穿起来做成的镯子。

2. 江东：唐时江南东道的简称。其辖地为今江苏省的苏南部分，浙江全境、福建全境及安徽省的皖南部分。

3. 淮南：据《茶经·八之出》，相当于今淮河以南，长江以北，东至黄海，西至湖北应山、汉阳一带，并包括河南的东南部地区。

4. 巴川峡山：疑为巴山峡川，即湖北、陕西、重庆、四川四省之间的一个区域，东起奉节，西至宜宾，北接汉中。

5. 榖皮：即构树皮，纤维含量高，光泽好，耐腐蚀，自古是搓绳、造纸的好材料。

6. 纫：搓绳索。

7. 峡中：指今湖北的远安、宜都、宜昌一带。

要点解读

本节中的"穿"有两种含义：

一是物名，名词，是将饼茶一个个串起来的篾条、绳索一类东西，陆羽也把它归类为饼茶加工的工具之一，并定名为"穿"，读音chuàn，去声。这种"穿"，各地均可就地取材，所以在盛产竹子的江东、淮南一带多采用篾条，而峡中则喜欢用当地盛产的构树皮纤维搓成绳索，是既经济、方便，又不会污染饼茶的理想选项。

二是饼茶的一种计量单位，是量词，其读音也是chuàn，去声。陆羽说，这个作为饼茶量词的"穿"，在他以前是曾经叫作"钏""贯"或"串"的，但后来就统一定名叫"穿"了。不过事实上可能并非全然，如唐德宗时韩翃《为田神玉谢茶表》中的"伏奉手诏，兼赐臣茶一千五百串，令臣分给将士"云云。又如《旧唐书·陆贽传》中的"遗赍钱百万……贽不纳，唯受新茶一串"。再如后于陆羽的薛能在《谢刘相公寄天柱茶》诗中的"两串春团敌夜光，名题天柱印维扬"等。

关于"穿"这一饼茶计量单位的重量标准，陆羽虽然只举了江东、峡中两个相差极其悬殊的例子，但足以说明，唐时饼茶的计量，同饼茶的形状和大小一样，并未形成统一标准，充其量也只是各式各样的地方标准罢了。

第4节 饼茶的藏养工具

原文

育，以木制之，以竹编之，以纸糊之，中有隔，上有覆，下有床，旁有门，掩一扇，中置一器，贮煻煨火，令煴煴[2]然。江南梅雨时，焚之以火。（原注：育者，以其藏养为名。）

译文

育，框架是木制的，编篾作壁，再糊上纸，中间有隔，上面有盖，下面有个底座[1]，下层侧面开有一扇门，中间置一盛炭火的容器，炭火要用热灰[2]盖住，使火温煴煴然[3]，江南梅雨季节的时候，就需要这样的炭火来藏养茶叶。

（原注译：育，是因为它具有封藏保鲜和养育茶叶品质的作用而得名。）

释注

1. 原文"床"：像床的东西，如车床、机床、河床等。在此是指"育"的底座。

2. 原文"煻煨"：即热灰。汉·服虔《通俗文》："热灰谓之煻煨"。

3. 煴煴然：火温微弱。《汉书·苏武传》有"凿地为坎，置煴火，覆武士其上，踏其背以出血"语。颜师古注曰："煴，谓聚火无焱者也"。《新唐书·东夷传·高丽》也有"窭人盛冬作长坑，煴火以取暖"。可见"煴煴然"的火温只相当于人的体温，最多是"微热"罢了。

要点解读 据陆羽的描述，所谓的"育"，其实就是设计精妙的烘箱，框架是木制的，中间有隔，把箱体分成上下两层，上层贮藏饼茶，下层放置炭火盆，为了方便添加炭火，在下层的一个侧面还有一扇可开关的门。烘箱下面有个底座，所以不是直接放在地上的。上部有个盖，所以饼茶是从上面放进去的。箱体的四个立面及盖顶都是用竹篾编织成的，外面再糊上纸。毋庸置疑，这样的设计是十分科学的，最突出的优点有三：

一是箱面里篾外纸的设计。这种设计是能"呼吸"的，既能维持炭火所必需的供氧，又能很好地向外驱散潮气，特别是在梅雨季节。

二是有利于保鲜。箱内氧气经炭火后生成二氧化碳，这是相对惰性的气体，能有效减缓茶叶中各类品质成分的氧化，从而起到类似现今"抽气充氮"贮存的保鲜作用。

三是有利于"藏养"茶的品质，从而被名之为"育"。陆羽提倡炭火要用糖煨火，烘箱内的温度要求是煴煴然，实际上相当于约40℃，所以在这种火温下要把饼茶烘干是很不容易的，需要的时间是以几天几夜计算的。众所周知，清香、花香、嫩板栗香等是绿茶类最高雅的香型，但历史经验和当代科学都证明，这种高雅的香型正是需要在低温长烘条件下才能慢慢形成的，是急不得的。例如以这种香型为最高境界的径山茶就传承了这一历史经验，但离《茶经》的要求，差距还远着呢。

茶经解读

茶经卷上·三之造

第1节 茶叶采摘

原文

凡采茶在二月、三月、四月之间。

茶之笋者，生烂石沃土，长四、五寸，若薇蕨始抽，凌露采焉。茶之芽者，发于丛薄之上，有三枝、四枝、五枝者，选其中枝颖拔者采焉。

其日，有雨不采，晴有云不采，晴采之。

茶树新梢

译文

茶的采摘，一般在二月、三月、四月间。

茶芽长长的，如春笋般鲜嫩的茶叶，一般都生长在烂石沃土[1]上，新梢长到四、五寸时，还幼嫩得如刚出土的薇蕨[2]，应趁着清晨露水未干时采摘。芽[3]叶相对短小的茶叶，一般都生长在灌木和杂草丛[4]中，一根枝条上往往同时有三、四、五个新梢[5]，应选择采摘其中优势突出[6]的新梢。

采茶的日子，雨天不采，晴有云也不采，晴天才能采。

释注

1. 烂石沃土：即土壤中不仅含有大量半风化状态的碎石块，而且还含有大量的腐殖质，所以称之为烂石沃土。这种土壤大多属黄壤类，要海拔500米以上的高山才有，如余杭径山上的山地香灰土、山地黄泥砂土等。

2. 薇蕨：薇，学名救荒野豌豆，豆苗细嫩柔软可食用。蕨，蕨科类植物，初春出土时，鲜嫩无比，芽卷如拳。

3. 芽：有的版本为"牙"。古代的"牙"同"芽"。

4. 灌木和杂草丛：原文"丛薄"。《汉书》注曰："灌木曰丛"。汉·杨雄《甘草同赋》注曰："草丛生曰薄"。

5. 新梢：原文为"枝"。

6. 优势突出：原文"颖拔"本义是"聪明超群"的意思，唐·苏颋《授沈佺期太子少詹事等制》："才标颖拔，思诣精微。"这里引申为"优势突出"的嫩梢。

要点
解读 本节给出了如下信息：

第一，唐代只采春茶，采摘季节与现今差不多。陆羽说的"二月、三月、四月"指的是农历，是我国的传统历法，相当于现今公历的三月、四月、五月间，但这仅能代表长江流域茶树头轮新梢即春茶的采摘季节，至于像《茶经·八之出》中的岭南茶区，则早在农历正月就采制春茶了。

第二，关于茶之笋者。根据陆羽的描述，所谓的"笋者"，既是指茶芽肥嫩饱满如笋，更是指整个新梢鲜嫩如笋，长到四、五寸的新梢还鲜嫩得像刚从土中抽出来豌豆苗，或比作刚破土的紫蕨，故而要"凌露采焉"，生怕蔫了。笔者认为，要获得如此优质的鲜叶原料至少得具备两大条件，其中：一是土壤要肥沃。在古代，山地土壤靠的是自然肥力，唯有有机质含量高，土壤才算肥沃，即陆羽所说的"烂石沃土"，但500米以下山地的有机质含量一般都不会高，原因是有机质的矿化分解大于腐殖化积累，500米以上就不同了，是有机质的腐殖化积累大于它的矿化分解，所以有机质含量普遍较高，如径山茶产区的山地香灰土，其土壤有机质的含量竟高达21.7%。二是要有浓荫覆盖，即陆羽在《茶经·一之源》里所说的"阳崖阴林"，让茶树处在优越的漫射光环境中，所以新梢的持嫩性很好，日本的覆下茶技术就是人工模仿这样的生态环境。反过来，如果茶树是生长在山头光秃秃的，或只有矮小灌木杂草的环境，即陆羽所说的"发于丛薄之上"，则由于阳光直照，茶树新梢的木质化速度加快，故而持嫩性就差，新梢的节间和芽就相对短小，即陆羽所说的"茶之牙者"。

第三，唐代已有茶要分批嫩采的理念。行内都知道，茶树是顶端优势很明显的植物，春来新梢萌发时，总是顶芽先发，并占据优先的生长优势，顶芽摘除了，就让位于顶下第一腋芽，如此依次向下。所以，陆羽说要"选其中枝颖拔者采焉"，其余则应待其生长完善了再采，充分体现了爱惜资源和按标准分批采摘的科学理念。至于鲜叶的采摘标准，陆羽没有专门叙说，但有两点是肯定的，其中：一是不提倡采得太小，不然就不必强调采茶要"选其中枝颖拔者"了。二是只要鲜嫩就好，如陆羽所说的"茶之笋者"，就因为它鲜嫩得如"薇蕨始抽"，虽说有四、五寸之长，但对于加工饼茶而言，则又有何妨呢。

第四，采茶要选晴天。陆羽对此强调得很明确，而且连"晴有云"也不采，这是咋回事呢？其实只要稍作分析，个中缘由还是很现实的，其中主要有三：①受加工场所的条件限制。从《茶经·二之具》中可知，唐代饼茶加工的茶灶、茶焙等设施，及捣茶、拍茶、摊放等操作都是在野外的，故而非晴天不可。②烘焙前的初干也需要晴天才行。鲜叶经蒸汽杀青需要摊凉散湿，饼茶出模后需要列茶初干，这些都需要天晴、干燥及阳光的辅助，不然就很难保证鲜叶不过夜。③晴有云难保真晴。这是因为春天多变，俗话说"春天的天，孩儿的脸，一天变三变"，"晴有云"则更是天可能要变（下雨）的征兆，空气会变得闷且潮湿，很不利于饼茶的干燥，特别是蒸青叶摊凉散湿，以及饼茶出模后的自然初干。

第 2 节 饼茶的工艺流程

蒸之、捣之、拍之、焙之、穿之、封之，茶之干矣。

鲜叶经上甑蒸熟，杵臼捣烂，拍压成型，上焙烘干，然后成穿，进而在育中封藏，于是茶就真正干燥了。

【要点解读】《茶经·三之造》中真正涉及"造"的，仅此16个字而已，实际上是总结性的概括，因为相关内容在《茶经·一之源》《茶经·二之具》中已经涉及过了。陆羽说茶叶"自采至于封七经目"（此语在下一节），也就是说，如果把茶的采摘也算在内的话，饼茶的加工总共是七道工艺，分别是：采茶→杀青→捣茶→拍饼→烘焙→穿茶→封藏，现列表梳理如下：

工艺名称	工艺技术要求
采茶	• 采摘季节：公历3—5月。 • 天气要求：晴天。其中"茶之笋者"要带着露水采。 • 标准："笋者"长四、五寸，嫩度如"薇蕨始抽"。"牙者"苗秀颖拔。 • 优劣判别：野者上，园者次；紫者（嫩黄色）上，绿者次；笋者上，牙者次；叶卷（即叶初展）上，叶舒（即叶展）次；处于阴山坡谷的茶叶不提倡采摘。
杀青	• 工具：灶、釜、甑、穀木权、芘莉。 • 方法：向釜中加水，旺火将水烧开，把鲜叶装进篮子状的箄中，然后置于甑中杀青，并用穀木权翻抖，以使杀青均匀和防止叶汁流失，至叶熟时出甑。 • 杀青叶散湿：出甑后的杀青叶，要及时摊放在芘莉上散湿。散湿后的杀青叶，要求将含水量降至60%以下。
捣茶	• 工具：杵、臼。 • 方法：将散湿后的杀青叶置于"臼"中，用"杵"捣烂捣透。
拍饼	• 工具：规、承、襜、芘莉、棨、朴。 • 方法：先把襜（台巾）铺放在承（台子）上，再把规（饼茶模具）放在襜上。然后取捣透的茶团一块按入规中拍压，去除多余部分。拍压好后，连同襜一起拿离承面，并取出饼茶。 • 饼茶自然风干（列茶）：将拍压好的饼茶摊放在芘莉上，让其自然风干。至半干后，用棨（饼茶钻孔的专用锥刀）在饼茶的中心钻一圆孔，然后用朴（细竹子做的）把饼茶一个个串起来，以方便搬运，暂存或送至焙边等候烘焙。
烘焙	• 工具：焙、贯、棚（焙上的木架子）。 • 方法：焙中起炭火，或从茶灶中取火，无烟。然后把棚置于焙上，用大竹削成的"贯"把饼茶串起来横搁在棚的下层（即所谓"下棚"，离炭火距离二尺多，约合现今六十几厘米），相当于现今的"毛火"烘焙。饼茶在下棚烘焙至"全干"（陆羽说的全干不能理解为真的全干，大约应该是八、九成干，不然就不必再烘了）后，就要换升到"上棚"（离炭火约90多厘米）上去继续烘焙至足干，火温相当于现今的"足火"。注：到此，饼茶在茶山上的野外作业应该是结束了。

续表

工艺名称	工艺技术要求
穿茶	• 工具："穿"（音chuàn），绳索一类的东西，材料因地制宜，例如唐时的江东、淮南茶区喜欢采用竹篾丝条，而峡中地区则喜欢用构树皮纤维搓成的绳索。 • 方法：用"穿"（音chuàn），按计量标准把饼茶一个个地穿（音chuān）起来。 • 标准：标准计量单位为"穿"（音chuàn），有上穿、中穿、小穿之分，但唐时还没有全国的统一标准，例如：在唐代的江南东道一带，以一斤的为上穿，半斤的为中穿，四、五两的为小穿；而峡中地区的上穿则为一百二十斤，中穿为八十斤，小穿为五十斤。注：唐时的斤约为现今的661克，一两约为41.3克，一斤为十六两。
封藏	• 工具：育。注：唐代陆羽时，一种专门用于封藏饼茶的炭火烘箱。 • 方法：在"育"的下层置入炭火，炭火要用热灰盖住，关好门。把饼茶搁置在"育"的上层，盖好盖子。 • 技术要求：要求"育"中火温始终煴煴然，约为40℃，至足干。尤其在梅雨季节，更需要用这样的火温防潮。

第3节 饼茶品质的鉴别

原文

茶有千万状，卤莽而言：如胡人靴者，蹙缩然（原注：京锥文也）；犎牛臆者，廉襜然（原注：犎，音朋，野牛也）；浮云出山者，轮菌然；轻飙拂水者，涵澹然；有如陶家之子罗，膏土以水澄泚之（原注：谓澄泥也）；又如新治地者，遇暴雨流潦之所经，此皆茶之精腴。有如竹箨者，枝干坚实，艰于蒸捣，故其形籭簁然（原注：上离下师）；有如霜荷者，茎叶凋沮，易其状貌，故厥状委萃然，此皆茶之瘠老者也。

自采至于封七经目，自胡靴至于霜荷八等。或以光黑平正言嘉者，斯鉴之下也；以皱黄坳垤言佳者，鉴之次也；若皆言嘉及皆言不嘉者，鉴之上也。何者？出膏者光，含膏者皱，宿制者则黑，日成者则黄，蒸压则平正，纵之则坳垤。

此，茶与草木叶一也。

茶之否臧，存于口诀。

饼茶的形状千差万别，大略[1]地说：饼面有皱缩[2]得像胡人皮靴皱纹的（原注译：就好像是用大锥子划出来的刻纹[3]）；有皱纹像犎牛胸部[4]下垂的那块垂肉[5]样的（原注译：犎，音朋，是一种野牛）；有如浮云出山，在山间盘盘曲曲[6]的；有如轻风拂水，水波荡漾状的[7]；有像经陶匠筛过的细土，再经水沉淀后那样光滑润泽的；又有像新整土地经暴雨冲刷，在低洼处积淀下来的细土。以上这些都当属茶中精腴[8]。但有的饼茶，由于原料粗老如笋壳[9]，新梢的茎梗坚硬，难以蒸捣，所以外形就如

阎立本《步辇图》局部（胡人靴及皱褶）

犎牛 野牛属

同毛羽始生，还没出齐的样子[10]（原注译：面上几根茎毛翘翘起，内部空松如筛子[11]）；还有的像霜后的荷叶，茎叶凋萎枯败[12]，昔日容艳不再，故而呈现出一种昏厥状不再鲜活茂盛的样子[13]。以上这类都属于是原料粗老的茶。

一枚饼茶，从采茶到封藏要经过七道工序，制成的饼茶从外形（饼面）皱纹如胡人靴的，到如霜后荷叶枯萎状的，共八个等级。对于饼茶品质的审评，有的认为只要光泽好、色黑、平整的就是好茶，但这是最差的审评技术。又有认为皮皱、色黄、凹凹凸凸的是好茶，但这仍然是较次的鉴别技术。如若既能全面评价茶的优点，又能指出它所有的不足之处，那才算是品质审评方面的真正高手。为什么这么说呢？例如：茶浆出露的光泽好；富含茶浆的皱褶多；隔夜制的会发黑，而当天制成的呈黄色；再次蒸压过的当然会平整；未经再次蒸压就显得凹凸不平[14]了。

茶的以上种种，其实在道理上与通常草木都一样。茶的优劣[15]，其鉴别技术也是靠一代代经验的积累，并口口相传的[16]。

释注

1. 原文"卤莽",大略的意思。

2. 原文"蹙缩",是收缩、皱缩的意思。

3. 原注为"京锥文也",意为用大锥子划刻的花纹。汉时《毛诗故训传》曰："京,大阜也"。"锥"即锥子。古代的"文"同"纹"。

4. 原文"臆",胸部的意思。《广雅》曰"臆,匈也"。古代"匈"同"胸"。

5. 原文"廉襜",亦作"廉襜"。唐·贾公彦《疏》："郑云'襜,绝起也',由绝起,则廉襜然也"。这里的"襜",是帷幕的意思。也有将"襜"注释为鳖甲裙边的,如晚清经学大师孙诒让。而这里则明显是指犎牛胸前那块下垂的,像帷幕样的垂肉。

6. 原文"轮菌然",有的版本作"轮困qūn然",盘曲貌。唐·李善 注引 张晏 曰"轮困离奇,委曲盘戾也"。

7. 原文"涵澹然",是水摇荡的样子,如欧阳修《盆池》中的:"馀波拗怒犹涵澹,奔涛击浪常喧虺"句。

8. 精腴:这里的"精"是精华的意思;"腴"是腹下的肥肉,这里指茶的内涵丰美。

9. 原文"竹箨",即笋壳。

10. 原文"籭筵然",毛羽始生貌。"籭"与"筵",古代均同"筛",读音也同,均读作shāi。《说文》曰"籭,竹器也"。

11. 原文"上离下师",古代的"师"同"筛"。

12. 原文"凋沮","凋"是凋萎的意思;"沮"是败坏的意思,《韩非子·二柄》:"妄举,则事沮不胜。"

13. 原文"厥状委萃然",昏厥(枯萎)状不再茂盛的样子。

14. 原文"坳垤",土地凹下处叫坳,小土堆似凸起的叫垤,故是凹凹凸凸的意思。

15. 原文"否臧"。否,音pǐ,贬,非议;臧,音zāng,褒奖。这里指茶的优劣。

16. 原文"口诀",原指道家传授道术时的秘语。

本节主要内容有二。

一、陆羽对饼茶的等级划分及外形特征的表述

级别	原文	笔者解读
一级	如胡人靴者，蹙缩然	饼面如胡人靴（如图），色黑有光泽，皱褶深。理论上说，这应该是原料细嫩，内含物（膏）丰富，加之捣得透，膏团细腻，烘焙后失水收缩的特征。
二级	犎牛臆者，廉襜然	饼面如犎牛胸前那块下垂的，像帷幕样的垂肉（如图），色油黑，富光泽，饼面纹如帷幕般起伏。同理，这也是原料细嫩、膏浓、舂捣得透、膏团细腻，烘焙得法的结果。
三级	浮云出山者，轮囷然	饼面像浮云般在山间盘盘曲曲。陆羽此喻，简直是一幅浮云出山的水墨画，有色深的山峦，又有色浅的浮云。显然，这样的饼茶也肯定光泽、细腻。
四级	轻飙拂水者，涵澹然	饼面呈微波荡漾状，寓意饼面如水色，光泽度好。同理，也说明原料细嫩，而且在蒸捣、拍压、烘焙工夫方面都比较到位。
五级	如陶家之子罗，膏土以水澄泚之	饼面细腻得像陶瓦匠筛过的陶泥经水沉淀后那样，同时也寓意饼面平整，色泽均一。这样的饼茶，除要求原料细嫩外，舂捣功夫也要特别到位，同时也不排除是再次蒸压过的可能。
六级	如新治地者，遇暴雨流潦之所经	饼面就像新垦土地遇暴雨冲刷，积水退去后沉淀下来的细土。所以，同样也是指饼面细腻平整，但与陶土经水沉淀后的细腻程度应该是有所差异的。但陆羽认为，以上都是内质丰腴的茶中精华。
七级	如竹箨者…其形籭簁然	饼面毛糙，面上有茎毛翘翘起，内部空松像筛子，原因是鲜叶粗老如笋壳，茎梗木质化，所以难以蒸捣。
八级	如霜荷者…厥状委萃然	饼茶色泽干枯，就像霜后的荷叶，全无生气。陆羽说，以上两个等级都是原料粗老的低档茶。

二、饼茶优劣的鉴别要全面

对于饼茶优劣的鉴别，陆羽只批评了两个例子：

一是认为只要"光黑平整",就是好茶的观点。因为你陆羽不是说像"胡人靴者""犎牛臆者"是精腴之茶吗,光黑呀!不是说像陶泥经水沉淀样的是精腴吗,平整呀!但陆羽认为这是最低级的审评技术,是对饼茶外形要求的生搬硬套,例如由于饼湿,茶浆被压出表面的也会显得光泽,隔宿制的饼茶颜色也会发黑,经再次蒸压的饼茶当然也会平整,怎么能一以概之呢?所以,这其实是不真懂茶的表现。

二是认为"皱黄坳垤"是好茶的观点。陆羽认为这种观点也是片面的,但比前者要靠谱一点,还懂一点点茶。因为饼面皱褶是茶嫩、浆足的表现,原料枯老的饼茶,即便想把它弄皱也皱不了。饼面色黄,虽然没有光黑的好,但至少证明是当天制作完成的。茶饼坳垤(不平整),虽然没有平整的卖相好,但至少是没有再次蒸压过的(也暗喻没有造假)。

那么,真正精通优劣鉴别的,应该是一个怎样的境界呢?对此陆羽认为,既要能全面评价出茶的优点,又要能全面指出它所有的不足之处。

最后,陆羽总结性地指出:茶如此,其实在道理上,茶与其他草木都是一样的。寓意任何一门小学问,如欲真正精通,都是很不容易的。茶的优劣,在鉴别技术上也是靠一代代的经验积累并口口相传下来的。

茶经解读

茶经卷 中 · 四之器

第1节 二十四器名录

 原文

　　风炉含灰承、筥、炭檛、火筴、鍑、交床、夹、纸囊、碾拂末、罗合、则、水方、漉水囊、瓢、竹夹、鹾簋揭、碗、熟盂、畚、札、涤方、滓方、巾、具列、都篮。

　　（笔者注：这一节录自裴纪平《茶经图说》,《茶经述评》中无。）

　　译文

　　茶道中的二十四器是：1. 风炉含灰承；2. 筥[1]；3. 炭檛[2]；4. 火筴；5. 鍑fù；6. 交床；7. 夹；8. 纸囊；9. 碾含拂末；10. 罗合；11. 则；12. 水方；13. 漉水囊；14. 瓢；15. 竹夹；16. 鹾簋[3]含揭；17. 碗；18. 熟盂；19. 畚；20. 札；21. 涤方；22. 滓方；23. 巾；24. 具列。以都篮收纳全部二十四器。

　　释注

1.　筥：音jǔ，盛物的竹篓、箱一类东西。唐·玄应《一切经音义》曰："筥，箱也。亦盛杯器笼曰筥。"

2.　檛：音zhuā，击打的意思。如《后汉书》："津吏檛破从者头"。这里指敲击工具。

3.　鹾簋：音cuó guǐ，盛盐的器皿。

[要点解读]　本节列出了唐式煮茶的二十四种茶具，陆羽将其定名为器。
　　在古代，器和具的定义是有严格区别的。《周书·宝典》上说："物周为器"，意思是设计周全，尽善尽美的才能叫器。而且，器还往往与道德、修养等关联在一起，如《周易·系辞上》的："形而上者谓之道，形而下者谓之器"。这里所谓的"形而上"是指超越物质形态的精神世界，"形而下"则是指有形有态的物质世界，"形而上"与"形而下"的关系，"道"与

"器"的关系，精神与物质的关系等，这些都属于中国古代哲学的重要范畴，当然也是当今哲学领域都绕不过去的问题。那么，人类也是有形有态的呀！但能不能都能成"器"，那还是要靠后天修养的（特指精神上）。如《三字经》中的"玉不琢，不成器，人不学，不知义"。《管子·小匡》："管仲者，天下之贤人也，大器也"等。

唐代是中国历史上的文化鼎盛时期，不仅流行"文以载道""诗以言志""乐以象德"，而且也崇尚"器以载道"。所以，陆羽对茶道具也特别看重，在他的《茶经》中，不仅独占一卷，而且还将它定名为"器"，目的就是要通过有形之"器"，来表达他的无形之"道"。

所以，从这个层面上而言，《茶经》者，实乃茶道之经也！

第 2 节 风炉的设计

 原文

风炉灰承：风炉以铜铁铸之，如古鼎形，厚三分，缘阔九分，令六分虚中，致其朽墁。凡三足，古文书二十一字，一足云"坎上巽下离于中"，一足云"体均五行去百疾"，一足云"圣唐灭胡明年铸"。其三足之间，设三窗，底一窗以为通飙漏烬之所。上并古文书六字，一窗之上书"伊公"二字，一窗之上书"羹陆"二字，一窗之上书"氏茶"二字，所谓"伊公羹、陆氏茶"也。

置墆㙪于其内，设三格：其一格有翟焉，翟者，火禽也，画一卦曰离；其一格有彪焉，彪者，风兽也，画一卦曰巽；其一格有鱼焉，鱼者，水虫也，画一卦曰坎。巽主风，离主火，坎主水，风能兴火，火能熟水，故备其三卦焉。

其饰，以连葩、垂蔓、曲水、方文之类。

其炉，或锻铁为之，或运泥为之。

其灰承，作三足铁柈，抬之。

译文

风炉含灰承：风炉（这里是指炉的外壳）以铜或铁铸成，形似古代的鼎，壁厚三分，炉缘宽九分，向内冒出六分，其冒出部分用泥涂平[1]。风炉设三足，足上铸有二十一个字，其中一

裴纪平《茶经图说》中的风炉示意图

足是"坎[2]上巽[3]下离[4]于中"七字，一足是"体均五行[5]去百疾"七字，一足是"圣唐灭胡明年铸"[6]七字。三足之间的炉腹上设置三个窗，底部也有一个窗，是通风和漏灰烬的地方。炉腹三个窗的上方铸有六个字，其中一窗上方是"伊公"二字，一窗上方是"羹陆"二字，一窗上方是"氏茶"二字，合起来就是"伊公[7]羹，陆氏茶[8]"的意思。

将炉衬[9]置于炉腹内，炉衬的上缘有三个突起的格[10]，其中：一个格上有雉鸡[11]的图案，雉鸡是火禽，代表火，故附以离的卦符；另一个格上是虎[12]的图案，虎是风兽，代表风，故附上巽的卦符；再一个格上是鱼的图案，鱼是水属，代表水，故附上坎的卦符。巽是风的卦像，离是火的卦像，坎是水的卦像，风能兴火，火能熟水，所以就选择这三卦作饰。

炉身的装饰图案，宜选择连葩[13]、垂蔓[14]、曲水[15]、方文[16]之类。

炉衬的材料，可用锻铁的，也可用泥质陶瓦类的。

灰承是一件三足的铁盘，用以承接灰烬，也是风炉的底座。

释注

1. 原文"致其杇墁"，"杇墁"本义是涂墙用的工具，这里指涂泥。

2. 坎：卦名，属水。

3. 巽：音xùn，卦名，属风。

4. 离：卦名，属火。

5. 五行：即木、火、土、金、水。五行是道家哲学概念。

6. 圣唐灭胡明年：指唐平息安史之乱的第二年，即公元764年。

7. 伊公：指商汤时的大尹伊挚，相传他善调汤味，世称"伊公羹"。

8. 陆氏茶：意即"陆羽的茶道"。

9. 原文"墆𡏾"：墆音zhì，《广韵》《集韵》"音垤，贮也"。𡏾音niè，小山。墆𡏾在风炉里当然是"贮"炭火的。所以从整段文字来看，"墆𡏾"一词应该就是"炉衬"的意思，也叫"炉芯"。

10. 格：音gé，搁置的意思。在此是指炉芯上缘搁置鍑的三个突起。

11. 原文"翟"，音dí，一种长尾的野鸡，又叫雉鸡。

12. 原文"彪"，凶猛的老虎。

13. 连葩：即荷花，这里是指荷花纹样的图案。

14. 垂蔓：这里是指缠枝纹样的图案。

15. 曲水：这里是指水波纹样的图案。

16. 方文：这里是指几何形状的图案。

要点解读　风炉是《茶经》中器以载道的重中之重，通过对风炉的精心设计，表达了陆羽对茶道精神的人生追求，其中重点有五：

一、立鼎铭志

上古时，鼎原是一种炊具，后来演变为镇国重器，是国家和权力的象征。从此，"鼎"的字义也被引申为显赫、尊贵、盛大等，如"一言九鼎""鼎鼎大名"等。在《周易》中，"鼎"则是一种卦名，是六十四卦中的第五十卦。鼎卦的上卦是离（主火），下卦是巽（主风），所以又名"火风鼎"。《周易·鼎》曰："鼎。君子以正位凝命。"译意是：君子要摆正其位，凝聚精神，心镇如鼎，不辱使命，实现人生价值。陆羽所说的"伊公"就是商汤时的伊尹，是中国历史上第一位帝王之师，同时也是首先发明羹饮的中华厨祖。对此，《史记》中有"伊尹负鼎"相汤，教以王道，助汤灭夏的故事。《孟子》中也有："故汤之于伊尹，学焉而后臣之，故不劳而王"的记

火风鼎

载。显而易见，陆羽之所以刻意要把风炉铸造成古鼎形，并铸以"伊公羹，陆氏茶"六字铭文，其寓意是十分明确的，那就是要效仿伊公负鼎相汤治天下的典故，并立鼎铭志，要励志实现"茶以载道"教化世人的人生抱负。故而，所谓"陆氏茶"，也应作"陆羽茶道"理解。

二、释道皆尊三六九

关于风炉的尺寸，陆羽只说"厚（炉壁）三分，缘阔九分，令六分虚中"，至于炉的高度、直径等一概未说。对此，笔者认为陆羽看重的只是"三、六、九"这三个不同寻常的数字，因为这三个数是道家和佛家都共同尊崇的。其中：道家"三六九"指的是"三才（天、地、人）、六合（即上、下、东、南、西、北，泛指天地、宇宙）、九宫（乾宫、坎宫、艮宫、震宫、中宫、巽宫、离宫、坤宫、兑宫）"。佛家"三六九"指的是"三宝（佛、法、僧）、六波罗蜜（即佛家必须修持的六种方式：布施、持戒、忍辱、精进、禅定 般若）、九品莲台（即佛的乘座莲台，分九品）"。同时也由此可见，茶道的涵盖面之广，而且自古以来就是僧道兼容的。

三、卦中蕴涵着陆羽的茶道遵循

风炉铭文中的坎、巽、离都是卦名，陆羽说："巽主风、离主火、坎主水，风能兴火、火能熟水，故备其三卦焉"。这是简单得不能再简单的道理，又何必故弄玄虚呢？所以不难理解，陆羽用三"卦"说明风炉原理只能是一种表象，而真正深层的应该是其中蕴涵之"道"，也即他的"陆氏茶"之道。对于现代人来说，阴阳八卦等是太玄奥了，但略作了解那还是可以的，例如"坎"卦，《周易·坎》曰："水洊至，习坎，君子以常德行"。意即：水流不惧坎坷，长流不滞，君子应具备水的意志，学会在坎坷中磨砺自己的操行和品德。又如"离"卦，《周易·离》曰："大人以继明照四方"。意即：大人应具备太阳之德，始终以太阳般的道德之光普照四方。再如"巽"卦，《周易·巽》曰："随风，巽，君子以申命行事"。意即：君子在施教布道中，要效法风的操守，审时度势，顺势而为，无微不至。总而言之，陆羽要求修习茶道的人，要有水的意志，风的操守，日的大德。

四、茶道中的养生理念

铭文"体均五行去百疾"中的"五行"，即木、火、土、金、水五类物质属性，认为人的五行调和（均）了，所有的疾病也就没有了。阴阳五行学说是道家的哲学基础，认为世界万物都源自五行，相互间相生相克，变化万千，并由此解释世界的一切，既包括物质的，也包括精神的。例如古典中医就是通过五行学说来分析人体腑脏、经络、生理、心理等功能的五行状况进行辩证施治的。人的健康包括生理健康和心理健康两个方面，而在茶道养生中，更侧重的应该是指人的心理健康、精神健康、人格健康。五行人格理论就是道家阴阳五行学说中的典型学说之一，它把人间无可计数的各种人格归纳为木、火、土、金、水五种属性，但都不是绝对的，每种属性都有其优点，但也有其缺点，故而也需要五行调和，相生相克，相互共存，那才是健康的人格，也是茶道中人应具备的人格。

五、铭文是为纪年，更为铭记历史

铭文"圣唐灭胡明年铸"中的"灭胡明年"指的是"安史之乱"被平定后的第二年，即唐代宗广德二年（764）。既如此，书为"大唐广德二年铸"不是更规范吗？为什么非得要用"灭胡明年"代之呢？显然，陆羽在此并非仅仅是为风炉的铸造纪年，更重要的是要后世铭记"安史之乱"的历史教训。安史之乱始于唐天宝十四载（755），平定于广德元年（763），历时七年之久，叛乱主将是安禄山和史思明，故名"安史之乱"。"安史之乱"是大唐盛极而衰的分水岭，从此大批疆土沦陷，国力一蹶不振。关于酿成"安史之乱"的原因，当然是错综复杂的，史学界有要看懂大唐历史，得先看懂"安史之乱"之说，但有一点是公认的，那就是当时的最高统治者，当年躬行节俭，励精图治的唐玄宗，在国力达到鼎盛时昏了头，不想再坚持了，从此由俭转侈，朝政腐败，最终导致了天下大乱。正如史学家司马光说的："明皇之始欲为治，能自刻厉节俭如此。晚节犹以奢败。甚哉！奢靡之易以溺人也。诗云'靡不有初，鲜克有终'，可不慎哉！"

第 3 节 生火用器 筥 炭檛 火筴 的设计

原文

筥：筥以竹织之，高一尺二寸，径阔七寸。或用藤，作木楦，如筥形织之，六出圆眼。其底盖若利箧，口铄之。

炭檛：炭檛以铁六棱制之。长一尺，锐上丰中执细，头系一小银以饰檛也，若今之河陇军人木吾也。或作鎚，或作斧，随其便也。

火筴：火筴一名筯。若常用者，圆直一尺三寸，顶平截，无葱薹勾鏁之属，以铁或熟铜制之。

译文

筥：筥用竹篾丝编织，高一尺二寸，直径七寸。也可以用藤编织，但要先用做个筥形的木箱作内衬[1]，其外用藤编织，编织方法为六角圆眼。筥的底和盖与便利箱[2]相似，口子的边缘（通常为阔竹片）要打磨得光滑明亮[3]。

炭檛：炭檛用铁制，六棱形，长一尺，头尖，中粗，执手细，再系上一个小圆环[4]作为装饰，就像现今河陇[5]地带军人的木吾[6]。也可把炭檛制成鎚形或斧形，随便。

火筴：火筴又叫火箸[7]。如果是常用的，圆直形，长一尺三寸，顶端截平，不需要有葱薹[8]、勾鏁[9]之类的装饰，用铁或熟铜制成。

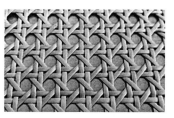

藤编 六角圆眼

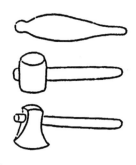

炭檛

释注

1. 原文"木楦"，即木模。如楦子、鞋楦头。

2. 原文"箧"音qiè，即箱子，藏物之具，大曰箱，小曰箧。出自《左传·昭公十三年》："卫人使屠伯馈叔向羹与一箧锦"。"利箧"即小型的便利箱，通常为小巧玲珑的竹篾箱子。

3. 原文"铄"，同烁，明亮的意思。

4. 原文"镟zhǎn"。

5. 河陇，古指河西与陇右。唐天宝"安史之乱"时被吐蕃（今西藏）乘虚占领，时在广德元年，即公元763年。

6. 木吾是木棒名，这里是指当时吐蕃军中用的一种类似狼牙棒样的冷兵器。

7. 箸：箸就是筷子。

8. 葱薹：葱的籽实，体圆球形，顶端尖。

9. 勾鏁：古同"锁"，这里指锁链类的饰物。

要点
解读 **一、精美雅致的炭筥**

筥仅仅是装木炭用的，但在陆羽的精心设计下，显然也是一件雅器，无论是竹织的，还是藤织的，都用了一个"织"字，可见所用的篾都很纤细，编织都很精致。其中竹篾编织的筥，应该是圆柱型的，直径约合今21厘米，高约36厘米，可以正好直放在都篮（留待本章第5节中讨论）里。用藤编织成的筥应该是长方型的，实际上是只小木箱，外面的藤织只是装饰而已。为什么这样说呢？试想，如果光是用"六出（角）圆眼"织成的藤筥，没有木箱作内衬，木炭的碎末就会漏出来，结果是既不雅又会污染都篮。所以，这个筥形的"木楦"，既是模型，又是内衬，古代的"篋"就是指小箱子，藏物之具，大曰箱，小曰篋。

二、"炭檛"引出"河陇"之痛

陆羽设计的风炉是一件能作案头摆设的玲珑小器，所以木炭是需要敲成小块后才能使用的，而所谓的"炭檛"，其实就是敲击木炭的工具而已，可以是鎚形的，也可以是斧形的，连陆羽自己也说"随其便也"，说明其形制并不重要。但陆羽在描述他的设计时，则不可谓不精到，还形象地比喻说："若今之河陇军人木吾也"，而且还特别强调是"今之河陇"。唐时河陇，是当时河西与陇右两道四镇一十八州的简称，自先秦以来，汉唐各代为巩固边境河陇，曾不惜一切，故素有天下称富庶者无出陇右的美称。但由于"安史之乱"爆发，河陇被吐蕃（今西藏）趁乱侵占，时在广德元年（763），史称河陇之痛。所以陆羽所

指之"今之河陇军人",实
际上已经是吐蕃占领军了,
而所谓"木吾",则是指吐
蕃军士使用的一种冷兵器,
叫狼牙棒。前面已经说过,
酿成"安史之乱"的核心
内因是唐玄宗由俭转侈,
朝政腐败。所以陆羽在此
是故意要把未愈的伤口再
揭一揭,以提醒当局不要
伤疤未愈就忘掉痛。

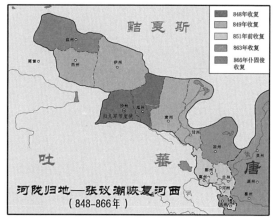

"河陇归地"示意图

三、火筴尊俭德,不与侈为伍

火筴其实就是一双夹火炭用的筷子,用铁或熟铜制成,但好歹也算是一种
器,按照前面陆羽对风炉、筥、炭檛等的美学理念,为了精美雅致一点,搞点
儿装饰也是理所当然的事。但是,陆羽在这里则一反常态了,明确表明不需要
"葱薹勾鏁之属"。对于这一点,笔者也曾百思不得其解,但在一次不经意间,
因关注到唐法门寺那双银火箸的顶端还真有葱薹(圆球形葱薹的籽实)及勾鏁(链锁)
的装饰(如图)时,这才恍然大悟。原来,陆羽的茶道虽然一经问世就被朝廷所
推崇了,其程式也基本相似,但遗憾的是,在经历了"安史之乱"之后的唐朝
仍然是奢侈依旧,"精行俭德"的茶道精神已荡然无存,尽显的是奢侈华丽的
皇家气派,这从当年朝廷供奉的法门寺出土的系列金银茶具就足以佐证。不难
理解,这对陆羽来说是非常痛苦的,为了坚持自己的茶道理念,明确表示在他
的"火筴"上不用类似装饰,道不同不相为谋,免生与宫廷茶道有合流之嫌。

而且,陆羽的"火筴"虽
然在材质上是寻常之物(铜
或铁),但如饰以宫廷"火
箸"同样的"葱薹勾鏁之
属",也足可以假乱真,故
而也是很容易引起有合污
之嫌的。

唐代法门寺银火箸,顶端有葱薹及勾鏁装饰。

第4节 煮水用器 鍑及其交床

原文

鍑（原注：音辅，或作釜，或作鬴）：鍑以生铁为之，今人有业冶者所谓急铁。其铁以耕刀之趄炼而铸之。内摸土，而外摸沙。土滑于内，易其摩涤。沙涩于外，吸其炎焰。方其耳，以正令也。广其缘，以务远也。长其脐，以守中也。脐长则沸中，沸中则末易扬，末易扬则其味淳也。洪州以瓷为之，莱州以石为之。瓷与石皆雅器也，性非坚实，难可持久。用银为之，至洁，但涉于侈丽。雅则雅矣，洁亦洁矣，若用之恒，而卒归于铁也。

交床：交床以十字交之，剜中令虚，以支鍑也。

译文

鍑（原注译：音辅，又名釜、鬴[1]）：鍑用生铁铸成，也就是如今冶炼业人所说的急铁。铸鍑的生铁可以利用废旧犁头[2]等回炉冶炼，先在内模上抹一层泥，而在外模上抹一层沙。抹泥的目的是使鍑面光滑以利擦洗，抹沙的目的是使锅底粗糙[3]以利吸热。鍑的耳要铸成方的，寓意正令。鍑的边缘要宽宽的，寓意务远。鍑的平底部分[4]要宽，寓意守中。鍑底平的部分宽了，水就会先在鍑的中心沸腾。水在中心沸腾，就有利于茶末随汤翻腾，从而使茶味醇厚[5]。这种煮茶的鍑，在洪州[6]是瓷质的，莱州[7]是用石料雕凿的。瓷质的鍑和石质的鍑都属于雅器，但缺点是不坚固耐用。用白银做鍑，当然无比光洁，但有涉奢侈华丽之嫌。所以，瓷质及石质的茶鍑固然雅致，白银茶鍑固然光洁，但若从经久耐用及茶道必须坚守的理念综合考虑[8]，终究[9]还是生铁的好。

交床：交床支架十字交叉（可折叠），床面中间剜空，是安放茶鍑用的。

释注

1. 鬴：音fǔ。其义：一为锅，二为古代量器名。
2. 原文"耕刀之趄"：耕刀即犁头。趄，音jū，艰难行走之意，如成语"趑趄不前"，在此引申为报废的、旧的、不能用的。

3. 原文"涩"：这里是不光滑，不滑溜的意思，也即粗糙的。《一切经音义》曰："澁，文䇿，今作涩，不滑也"。

4. 原文"脐"。锅子最底部的那一块叫锅脐，圆底锅的脐很小，脐的直径长了，那就成平底锅了，而煮茶的鍑其实就是一种平底锅。

5. 原文"淳"，味道浓厚的意思。古通"醇"。

6. 洪州：唐时州名，今江西南昌一带。

7. 莱州：唐时州名，今山东掖县一带。

8. 原文"若用之恒"。《说文》："恒，常也。"如《国语·越语下》："因阴阳之恒，顺天地之常。"

9. 原文"卒"，终究的意思。如《史记·廉颇蔺相如列传》："卒廷见相如。"

要点
解读　　陆羽对鍑的设计，是又一"器以载道"的重要例证，其中要点有四：

一、方其耳，以正令也

"正令"一词，语出先秦法家的《荀子·非相》："起于上所以道于下，政令是也"。其意是：所谓"正令"，就是出自上层社会用来教化天下百姓的正确言论。也就是说，要教化天下，形成良好的社会风尚，就首先得"以正其令"。古代的"正"与"政"相通，《汉书·陆贾传》曰："夫秦失正，诸侯豪杰并起。"颜师古注曰："正，亦政也。"可见正与政同义。当然，光有"正令"是不行的，还需要统治者们自身的身体力行，正如孔子《论语·子路篇》所言："其身正，不令则行，其身不正，虽令不从"，这是"正令"一词的又一种解释。修习茶道当然也一样，要重在修身律己，知行合一。

二、广其缘，以务远也

"务远"一词中的"务"是"追求"或"致力"的意思。如唐朝名宰相张九龄，在参悟"务"字后，曾告诫后人："务广德者昌，务广地者亡"。三国·诸葛亮《诫子篇》有："非澹泊无以明志，非宁静无以致远"。此句中的"致"也是"追求"或"致力"的意思。所以，"务远"和"致远"意义其实是相同的，都是追求人生远大理想的意思。那么，茶道的远大理想是什么呢？显然，就陆羽的自勉而言，那就是要效仿伊公负鼎相汤，励志实现"茶以载道"教化人世的人生抱负。

三、长其脐，以守中也

"守中"一词，语出《道德经》第五章："天地之间，其犹橐龠乎，虚而不屈，动而愈出，多言数穷，不如守中。"简单的译意是：天地之间的道理，就像个鼓风器（橐龠），虽然空虚但不会塌掉，越鼓动越出气，这和很多事情一样，你的话语越多就越坏事，还不如先静下心来，守住虚无清静的心境（守中，中就是虚的意思）。自古以来，世上道法众多，但"守中"都是修道之人的核心法门，都需要戒除浮躁，对修习茶道之人当然也一样。

此外，这里的"守中"一词还有另一层意思，但这在《经》文里已经讲得很清楚了，那就是说茶鍑的平底面越大（脐长），就越有利于保持茶汤在中心沸腾。

四、精行俭德，拒绝侈丽

陆羽不赞成银制的茶鍑，理由是"涉于侈丽"，这与前文中的"火筴……顶平截，无葱薹勾镲之属"都是出于同一种理由。《茶经》的作者在这个问题上为什么要如此较真呢？显然，原因不是别的，说明陆羽的确是把他的《茶经》作为茶道之经来写的，并明确是"精行俭德"的茶道，也就是行为精诚专一，别无旁骛，品德简约的茶道。所以，在这种前提下，寻常的茶具也就俨然升格成了"器"，成了"道"的重要载体，故而不仅要适用，要精美雅致，而且还要在美学上与他的茶道精神相一致。而最格格不入的，或者说最忌讳的就是"侈丽"的皇家气派。

顺便再讲讲关于"若用之恒"的翻译问题。从句式前后文的关联而言，这里的"恒"既有"耐用"的意思，而同时也有文言中"常"的意思，《说文》曰："恒，常也。"即"规律"或者"法则"等必须坚守的理念。所以，"若用之恒"一语应翻译成："若从经久耐用及茶道必须坚守的理念综合考虑"比较合理，而不应简单地翻译成"若从经久耐用考虑"。不然的话，说银鍑"涉于侈丽"就无从解释的了，而且银鍑不是更经久耐用吗！

第 5 节 炙茶用器 夹和纸囊

原文

夹：夹以小青竹为之，长一尺二寸，令一寸有节，节已上剖之，以炙茶也。彼竹之篠，津润于火，假其香洁以益茶味，恐非林谷间莫之致。或用精铁、熟铜之类，取其久也。

纸囊：纸囊以剡藤纸白厚者，夹缝之以贮所炙茶，使不泄其香也。

译文

夹：夹用小青竹制成，长一尺二寸。在头端一寸处留一个节，节以上剖开，这样就可以用来炙茶了。这种小竹[1]，在火上会变得滋润[2]，其香洁雅，对提升茶味有益。但这种条件，如果不是在山区林谷间的话，恐怕就很难办到了。夹，也可以用精铁或熟铜制作，优点是经久耐用。

纸囊[3]：纸囊用剡藤纸中那种白净和较厚的，折成囊状缝合，用来装贮炙烤好的茶饼，使茶香不致散泄。

释注

1. 原文"篠"，有的版本作"筱"，是小竹、细竹的意思。
2. 原文"津润"，释义是滋润、浸润的意思。这里则是指竹子在炙烤中沥出"津润"的液体，叫鲜竹沥，具有竹子的清香，味微甘，具有清热化痰的功效。
3. 剡藤纸：以产于剡县（今嵊县）而得名。西晋张华《博物志》载："剡溪古藤甚多，可造纸，故即名纸为剡藤。"剡藤纸以薄、轻、韧、细、白闻名，但陆羽要选用厚的，因为是缝纸袋用的。

> **要点解读**　"彼竹之篠，津润于火，假其香洁以益茶味"。《茶经》中的这一描述足以证明，早在唐代陆羽时就已经掌握了茶有吸收异味的特性，

并把此原理应用在"炙茶"中，让茶在炙烤中慢慢地吸收小青竹的清香（鲜竹沥香），原理上已相当类同于现今的花茶窨制。关于花茶的起源问题，教科书上说，最早可追溯到一千多年前的宋代初期，即当时在茶中加入龙脑香（冰片）进贡皇帝的那种茶。而现在看来，如果连这也算是花茶起源的话，则陆羽的小青竹茶夹"津润于火，假其香洁以益茶味"之法就更是花茶起源了，而且还足足比宋代的龙脑香茶要早二百多年。

第6节 碾茶用器 碾 罗合

碾拂末：碾以橘木为之，次以梨、桑、桐、柘为之。内圆而外方，内圆备于运行也，外方制其倾危也。内容堕而外无余。木堕形如车轮，不辐而轴焉，长九寸，阔一寸七分。堕径三寸八分，中厚一寸，边厚半寸。轴中方而执圆。其拂末，以鸟羽制之。

罗合：罗末以合盖贮之，以则置合中，用巨竹剖而屈之，以纱绢衣之。其合，以竹节为之，或屈杉以漆之，高三寸，盖一寸，底二寸，口径四寸。

译文

碾含拂末：碾最好用橘木，其次为梨木、桑木、桐木、柘木。碾内部的碾槽是圆（圆弧形）的，外形是方（长方体）的。内圆是为了便于碾轮的运转，外方是为了稳固以防倾翻。碾槽的宽度以刚能容纳碾轮为限[1]，

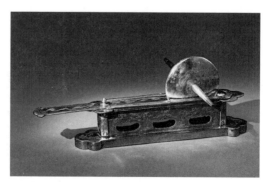

法门寺出土的鎏金壶门座银茶碾

两面不保留空隙。木碾轮形如车轮，但没有车辐，中心是轴，轴长九寸，直径一寸七分。木碾轮的直径三寸八分，中心部分厚一寸，边缘部分厚半寸。轴的中心是方的，执手是圆的。碾茶时用的拂末（末茶掸子），可以用鸟类的羽毛。

鎏金壶门座银茶碾中的碾轮

罗合[2]：罗（筛）下的末茶贮存在合中盖紧，则（勺取末茶的量器）也放在合中。罗合中的"罗"，是大竹劈篾（阔篾）弯屈成圈，再绷上纱或绢做成的。罗合中的"合"，是用竹节制成的，也可用杉木薄片弯曲而成，再上漆。"合"通高三寸，合盖一寸，合底二寸，圆径四寸。

释注

1. 原文"堕"，即碾轮。
2. 罗合：罗就是筛子，合就是盒子，古代的"合"与"盒"通，白居易《长恨歌》中有："唯将旧物表情深，钿合金钗寄将去"句。罗与合结合为一体，称之谓"罗合"。

要点
解读

一、简洁实用的木茶碾

　　根据《经》文的描述，碾轮的直径约为8.4厘米（唐代的一尺相当于现今的30厘米），碾轴长27厘米，粗5.1厘米。碾轮不锐，中厚3厘米，缘厚1.5厘米。至于碾槽的尺寸，陆羽没有说，但我们可以从唐·法门寺出土的鎏金壶门座银茶碾得以参考。

　　法门寺出土的鎏金壶门座银茶碾槽高7.1厘米，长27.4厘米，宽3厘米，槽深3.4厘米。由图可见，其碾轮也是不锐的，与陆羽的要求相一致，直径8.9厘米，比陆羽的木碾轮只是稍大了一点点。

　　唐时末茶与宋代的末茶是两个不同的概念。宋代要求细，细到能渗入手背的皮肤。但唐代的末茶呢，《茶经·六之饮》中说，"碧粉缥尘非末也"，更确切地说，其实是一种比较细的碎茶。也正是由于这个缘由，陆羽设计的茶碾可以是纯木的，碾轮的边缘是不锐的，而且用的是橘、梨、桑、桐、柘等木材，这类木材虽然质地不怎么硬，但没有不利于茶的异味，而且碾的目的是只要把饼茶碾压成碎末就行，如果采用太硬的材料，则反而容易把饼茶碾磨成粉末了。所以，从这个意义上讲，陆羽设计的木茶碾不仅质朴素雅，而且比皇宫的鎏金壶门座银茶碾更实用，再加上一枚鸟羽作掸子，就更符合作者"精行俭德"的精神追求了。法门寺出土的鎏金壶门座银茶碾，银煅金饰，尽显奢侈豪华的皇家气派，所以在陆羽的《茶经》里，除了前面对银茶镀略有评点外，对其他类似的侈丽之属连提都懒得提了。

二、三用合一的罗合

陆羽设计的"罗合"是罗和合（盒）的结合体。罗就是筛子，筛末茶用的。罗的形制，根据《经》文描述，应该就如同现今供茶叶检验用的分析筛，但尺寸很小，是套装在末茶"合"子里的，筛茶的时候末茶就直接筛落在茶"合"子里。罗圈是宽篾围成的，高度应该在一寸左右，约合今3厘米。罗的直径应在四寸以内，即现今12厘米不到。罗面是纱或绢绑的，其孔径或已无从查考，但根据《茶经·五之煮》中对茶汤沫饽"焕若积雪"的描述来看，则这种茶末还是相对比较细的那一种，约介于碎末和粉末之间，若套用现今标准，则其孔径在0.63毫米到1.25毫米之间。至于"合"，实际上就是圆径四寸（12厘米），通高三寸（9厘米），底罐高二寸（6厘米），罐盖高一寸（3厘米），是一截带节的毛竹罐，而筛末茶的"罗"就套装在底罐和罐盖之间。陆羽的这一设计，不仅具有结构自然，毫无雕凿之痕，浑然天成的美感，而且还有一举三得之妙：一是加盖筛茶，末落盒中，无茶末散落之虞；二是筛下的末茶就直接存贮在盒中，无需另器；三是酌取末茶的"则"与茶同贮，乃属妙绝方便。

第7节 煮茶用器 则 水方 漉水囊 瓢 竹夹 鹾簋 熟盂

原文

则：则以海贝、蛎蛤之属，或以铜、铁、竹，匕、策之类。则者，量也，准也，度也。凡煮水一升用末方寸匕。若好薄者减，嗜浓者增，故云则也。

水方：水方以椆木（原注，音胄，木名也。）、槐、楸、梓等合之，其里并外缝漆之。受一斗。

漉水囊：漉水囊若常用者，其格以生铜铸之，以备水湿无有苔秽腥涩意。以熟铜苔秽，铁腥涩也。林栖谷隐者，或用之竹木。木与竹非持久涉远之具，故用之生铜。其囊，织青竹以卷之，裁碧缣以缝之，细翠钿以缀之，又作绿油囊以贮之。圆径五寸，柄一寸五分。

瓢：瓢一曰牺杓，剖瓠为之，或刊木为之。晋舍人杜毓《荈赋》云："酌之以匏"，匏，瓢也。口阔，胫薄，柄短。永嘉中，余姚人虞洪入瀑布山采茗，遇一道士云："吾，丹丘子，祈子他日瓯牺之余，乞相遗也！"牺，木杓也。今常用，以梨木为之。

竹夹：竹夹或以桃、柳、蒲葵木为之，或以柿心木为之。长一尺，银裹两头。

鹾簋揭：鹾簋以瓷为之，圆径四寸，若合形。或瓶、或罍，贮盐花也。其揭，竹制，长四寸一分，阔九分。揭，策也。

熟盂：熟盂以贮熟水，或瓷、或沙，受二升。

译文

则：则[1]可利用海贝、蛎蛤（即牡蛎）一类的贝壳，或用铜、铁、竹做成匙[2]、策[3]之类。"则"是掌握度量的标准工具。一般说来，煮水一升，需投末茶一方寸匕[4]，如果喜欢淡一点的，就减少点；喜欢喝浓点的，就增加点，所以把它叫作"则"。

水方：水方用椆木[5]、槐、楸、梓等木板制作成盒子状，内外两面及接缝都要加以油漆。水方的容量为一斗。

　　漉水囊：漉水囊如果从经常要用的角度考虑，其骨架应该用生铜铸造，以免在经常浸水的情况下产生苔秽[6]味和腥涩[7]味。譬如用熟铜，就容易产生苔秽味，用铁就容易产生腥涩味。隐居山林的人，也有用竹或木制的。但竹和木都不耐用，也不便远行携带，所以还是宜用生铜的。滤水的囊，先用青竹篾丝编织成兜，然后裁一块碧缣[8]缝上，再系一细小的翠钿[9]作装饰，又做一个绿油布袋作外包装。漉水囊的口径为五寸，柄长一寸五分。

　　瓢：瓢，又名牺杓，用瓠瓜（葫芦）剖开制成，或用木头雕凿[10]而成。晋朝中书舍人杜毓[11]的《荈赋》有"酌之以匏"一说。匏，就是瓢，口阔、壳薄、柄短。永嘉年中（晋代年号，310），余姚人虞洪到瀑布山采茶，遇见一道士对他说："我是丹丘子，祈求你在来日举办茶饮时相邀一声喔！"这里所说的"牺"，就是酌茶汤的木杓，现常用，用梨木雕凿而成。

　　竹夹：竹夹（即筷子），也有用桃木、柳木、蒲葵木的，或者用柿子树的木心。竹夹长一尺，用银包裹两头。

　　鹾簋（含揭）：鹾簋[12]，用陶瓷类的，圆形，直径四寸，形状像盒子，也有瓶形的，罍[13]形的，是装盐花用的。其中取盐的工具——"揭"，是竹制的，长四寸一分（疑为"长四寸，厚一分"），宽九分。这种揭，实际上就是一片竹简。

　　熟盂：熟盂是盛贮熟水用的，瓷质的、陶质的[14]都可以，容量2升。

释注

1.　则：古代标准权衡器，《史记》云："王者制事、立法、物度、轨则，壹禀于六律。"

2.　原文"匕"，古代一种长柄浅斗像汤匙的取食器具，如《三国志·蜀志·先主传》："先主方食，失匕箸。"

3.　策：古代的竹简也称简策，所以在此应该是指竹片类的东西，取末茶用的。

4.　原文"用末方寸匕"，即一平方寸匙量的末茶。

5.　椆木：木材的一种。性能不易开裂，弹力强。

6.　苔秽：这里的"苔"是指铜在潮湿环境中生成的铜绿，又称铜青，味酸、涩、苦，俗称铜臭味。"秽"是肮脏、污浊的意思。

7.　腥涩：被铁锈污染了的水会有一股腥涩的铁锈味，与人体的血腥味非常类似。

8.　碧缣："缣"，绢的一种，《释名·释采帛》："缣，兼也，其丝细致，数兼于绢，染兼五色，细致不漏水也。"

9. 翠钿：用翠玉制成的装饰物。

10. 原文"刊"，是雕刻，雕凿的意思。如汉·蔡邕《陈寔碑》中的"刊石作铭"。孔子《仪礼·士丧礼》中的"重木刊凿之"。

11. 杜毓 (265—316)：即杜育，字方叔，西晋文人，曾任晋中书舍人等职。

12. 醝簋：音cuó guǐ，盛盐的器皿。《礼记·曲礼》："盐曰咸醝"。簋，古代盛食物的圆口竹器。

13. 罍：音léi，古代一种盛酒的容器。小口，广肩，深腹，圈足，有盖。

14. 原文"沙"，意指沙罐，是用陶土和沙烧制的罐子，归属于陶器一类。

要点解读   本节叙说煮茶用器七种，是了解当年陆羽煮茶之法的重要依据。

◎酌量末茶的则。则在古代是一种掌握度量的标准工具。而这里的则，实际上就是汤匙或小竹片一类，用以酌取末茶的工具。煮茶时投放末茶也需要有一个适当的度量，所以陆羽也把它命名为"则"。《经》说"凡煮水一升用末方寸匕"。唐时的一升约合现今200毫升，那么一"方寸匕"的末茶又应该是多少呢？对此，南朝·陶弘景《名医别录》中有明确的注释："方寸匕者，作匕正方一寸，抄散取不落为度。"据实验约为现今的3—5克。当然，对茶水的浓淡嗜好是因人而异的，所以《经》说"若好薄者减之，嗜浓者增之。"另外，在各式各样的"则"中，陆羽最崇尚的还是以贝壳为"则"，既美，又雅，且实用。

◎贮水用的水方。所谓水方，顾名思义就是木制的方形盛水器，设计盛水量一斗，约合现今2000毫升。假设它是正方形的，木板厚为0.5厘米的话，则其边长约为15厘米。

◎漉水囊的慈悲心。陆羽对漉水囊的设计要求已经讲得够具体的了，但其意义是什么呢？他没说，抑或他认为原本就没必要说，你懂的。这是因为，漉水囊一物原本就来自佛门，在《菩萨戒经》的十八种物中，漉水囊排为第九，要头陀们常随其身，如鸟之二翼，并有颂曰："头陀结夏游方日，漉水囊皆不可离。恰如飞禽生两翼，东西南北自相随。"为什么漉水囊要常随其身呢？《大集经》有曰：水中"畜生身细，犹如微尘十分之一大者，百万由延。"可见漉水囊是属大慈悲心了，并有颂曰："十分去微取一分，教中将喻水虫身。殷勤漉水存悲济，便是将来成佛因。"众所周知，陆羽是佛门中长大的，故而把漉水囊列入二十四器之一是很自然的事。

◎葫芦壳对剖便是瓢。陆羽说，把瓢作为煮茶用器是早在晋朝前就有的，他只是传承罢了。还有一种瓢是用梨木雕凿的，即木杓，也是晋代前就有的，并认真地摘引晋·杜毓《荈赋》及晋代小说《神异记》的史料为证。葫芦自古以来都被视作吉器，特别是道教。葫芦的品种很多，其中有一种俗名叫药葫芦的，口阔，胫薄，柄短，个头只有5厘米左右，老熟后对剖去内，是煮茶时勺水酌汤的天成佳器。

◎竹夹裹银为哪桩。竹夹是煮茶时用来搅动及击拂茶汤的，那为什么要银裹两头呢？不是说银"涉于侈丽"吗？对此陆羽也没说，但笔者寻思，这不是为了装饰，而是出于某种客观需要。中国自古以来就有"银针试毒"的典故，估摸"银裹两头"的初衷也是如此吧！况且，古代茶人好野趣，深山冷岙里的水固然清冽，但有没有毒还是不能打包票的。

◎陆羽煮茶要加盐。所谓"鹾簋"，实际上就是盐罐头，里面配以一枚长12厘米，厚0.3厘米，宽2.7厘米的小竹片，叫"揭"。古人有"盐如君子，不夺茶味"之说，意思是说，少量加点盐能有效地把茶味吊出来而自己隐退。但到底加多少盐才算标准呢，所以要用"揭"来计量，故而这种"揭"又名"策"，即古代的一种计量工具。

◎点水止沸用熟盂。顾名思义，熟盂是贮存熟水用的，这种熟水是相对于生水而言的，但也不是开水，而是一种将开未开之水。唐人煮茶时特别重视煮水的程度，水分三沸，陆羽在《五之煮》中说"如鱼目，微有声，为一沸。缘边如涌泉连珠，为二沸。腾波鼓浪，为三沸。"故而，所谓"熟水"也即"二沸"时的水，要留一瓢在"熟盂"中，以便锅中之水三沸时用它来止沸，而陆羽管它叫"救沸"。

第8节 饮茶用器 碗

原文

　　碗：碗，越州上，鼎州、婺州次。岳州上，寿州、洪州次。或者以邢州处越州上，殊为不然。若邢瓷类银，则越瓷类玉，邢不如越一也。若邢瓷类雪，则越瓷类冰，邢不如越二也。邢瓷白而茶色丹，越瓷青而茶色绿，邢不如越三也。晋杜毓《荈赋》所谓："器择陶拣，出自东瓯。"瓯，越也。瓯，越州上，口唇不卷，底卷而浅，受半升已下。越州瓷、岳瓷皆青，青则益茶。茶作白红之色，邢州瓷白茶色红，寿州瓷黄茶色紫，洪州瓷褐茶色黑，悉不宜茶。

译文

　　碗，以越州[1]产的为上，鼎州[2]、婺州[3]的次之。以岳州[4]产的为上，寿州[5]、洪州[6]的次之。也有人认为邢州[7]瓷比越州瓷更好，但事实上绝非如此。如果说邢瓷质地像银，那么越瓷质地就像玉，这是邢瓷不如越瓷的理由之一。如果说邢瓷色泽如雪，那么越瓷色泽如冰，这是邢瓷不如越瓷的理由之二。邢瓷因色白从而使茶汤泛红，而越瓷因色青从而使茶汤呈绿色，这是邢瓷不如越瓷的理由之三。晋代杜毓《荈赋》说的"器择陶拣，出自东瓯[8]"。瓯[9]，就是越州。可见晋朝杜毓也认为瓯（这里是器名——茶瓯）是越州产的为上品。瓯的形制特点是口不卷，底卷而浅，容量不到半升。越瓷和岳瓷都是青色的，故而有益于茶的汤色。茶汤的本色是白中泛红的，因此茶在白色邢瓷中是泛红的，在黄色的寿州瓷中是呈紫色的，在褐色的洪州瓷中是呈黑色的，所以都不适合于茶。

释注

1. 越州：唐时州名，治所在今浙江省绍兴地区。
2. 鼎州：唐时州名，武则天时，鼎州在今陕西泾阳、三原一带，但到陆羽所生活的年代已无鼎州置制。
3. 婺州：唐时州名，治所在今浙江省金华一带。

4. 岳州：唐时州名，治所在今湖南岳阳。

5. 寿州：唐时州名，治所在安徽寿县。

6. 洪州：唐时州名，治所在江西南昌。

7. 邢州：唐时州名，治所在河北邢台一带。

8. 东瓯：古代有东瓯国，前身是东瓯部落，是汉族先民的一支，位于今浙江南部。

9. 瓯：古代酒器，饮茶或饮酒用，敞口小碗式。《说文》："瓯，小盆也。"

[要点
解读]　　一、陆羽偏好青瓷的缘由

　　　　越州窑、鼎州窑、婺州窑、岳州窑、寿州窑、洪州窑、邢州窑，并称为唐代七大名窑，其中前六为著名青瓷窑，邢州窑为著名白瓷窑，素有南青北白之说。那么，陆羽为什么又特别偏爱青瓷茶碗呢？究其缘由有四：①虽有南青北白之说，但唐时的青瓷无疑在特色和艺术性上更为知名，其中越州窑所产的青瓷则更是整个唐宋时期瓷器的杰出代表。②唐人好玉，青瓷光洁如玉，蕙质秀雅，在那个时代习惯用"类冰""类玉"来形容它，进一步引申为人的德行如玉，清洁不染，清凉无为。这点与后来转而追求奢侈的世风有着本质上的区别。③尊重历史传承。在这一点上很清楚，《经》文还特引了晋·杜毓《荈赋》中关于"器择陶拣，出自东瓯"的历史记载。④青瓷有益茶色。这一点也讲得够清楚不过了，因为："越州瓷、岳瓷皆青，青则益茶。茶作白红之色，邢州瓷白茶色红，寿州瓷黄茶色紫，洪州瓷褐茶色黑，悉不宜茶。"

二、唐代的饼茶似乎应归类于黄茶，甚至是黑茶类

　　《经》文说："茶作白红之色"，就是说它的本色是黄中泛红的，于是这种本色在最能表达真色的邢州白瓷中就完全表现出来了。所以，唐时的饼茶就茶的汤色而言，是更接近黄茶类，甚至是黑茶类的。黄茶类在加工上的共同特点是都有一个"闷黄"的过程，包括湿坯的闷黄和干坯的闷黄。黑茶的"闷黄"过程更甚，叫"闷堆"，从而使汤色呈深黄或褐红色。现反观唐饼的工艺，蒸汽杀青后的"捣""压饼"及未达足干前的自然风干、烘焙等，都是一个漫长的"湿闷"过程。饼茶足干后，还要放在"育"中用"煴煴然"的"塘煨火"

烘它几宿，实际上就是长时间的"干闷"。所以一句话，无论从茶汤本色，还是工艺角度，把它归类于黄茶类，甚至黑茶类更为接近。

此外，我们在《茶经·二之具》的解读中已讨论过了，唐时饼茶的规格大小是没有统一标准的，而且大小相差悬殊，小的"渠江薄片"每枚只有8克左右，大的"建州大团"每轴达十余斤。"渠江薄片"因个小而容易干燥，被"闷黄"的程度就轻，故而在滋味、汤色等品质特征上就比较靠近绿茶类。至于"建州大团"则反之，由于个大不容易干燥，而且个儿越大"湿闷"的过程就越长，黄烷醇类的非酶性氧化程度就越高，于是汤色就越呈深黄，甚至褐红，故而就越靠近黄茶类，甚至黑茶类了。显然，陆羽是崇尚"渠江薄片"这类精致小团饼茶的，是喜欢茶汤呈黄绿色的，所以他说："越州瓷、岳瓷皆青，青则益茶"。

第9节 清洁用器 畚 札 涤方 滓方 巾

畚：畚，以白蒲卷而编之，可贮碗十枚，或用筥。其纸帊，以剡纸夹缝令方，亦十之也。

札：札，缉栟榈皮以茱萸木夹而缚之，或截竹束而管之，若巨笔形。

涤方：涤方，以贮洗涤之余，用楸木合之，制如水方，受八升。

滓方：滓方，以集诸滓，制如涤方，受五升。

巾：巾，以絁布为之，长二尺，作二枚，互用之，以洁诸器。

译文

畚：畚[1]用白蒲[2]编织而成，大小可存放十只茶碗，也有用竹筥的。衬碗的纸帕³，用剡纸对折，方形，缝合，数量也是十张。

札：札的做法，先把棕毛⁴辑理成束，然后用茱萸木⁵夹住缚紧，或把它塞在竹管子上，样子像支大毛笔。

涤方：涤方是盛放洗涤水用的，用楸木制成，制作如水方，容量八升。

滓方：滓方是盛放茶滓用的，制作如涤方，容量五升。

巾：巾是用粗绸子⁶做成的，长二尺，需要两块，以便交替使用，是擦拭茶器用的。

释注

1. 畚：音běn，用蒲草或竹篾编织的盛物器具。
2. 白蒲：即蒲草，开白花。始建于东晋的江苏省白蒲镇，就是因当年盛产白蒲而得名。
3. 原文"纸帊"。"帊"就是"帕"，如《三国志·魏志》："棋者不信，以帊盖局，使更以他局为之。"
4. 原文"栟榈皮"。栟榈，树名，即棕榈树。栟榈皮是指包裹在树上的棕毛。
5. 茱萸木：茱萸是一种落叶小乔木，其果实是名贵中药。
6. 原文"絁布"。指粗厚似布的丝织物。

要点解读 文中的"畚"，不是畚箕的"畚"，而是装贮茶碗用的小蒲包或小竹篓。蒲包质软，是存放易碎瓷器的极佳选择。存放茶碗时，碗与碗之间还要垫一张纸帕，以免碰损。

文中的所谓"札""涤方""滓方""巾"都是洗涤用品，其中的"札"，实际上就是洗涤茶具时要用的棕毛小刷子，其柄为茱萸木或竹子，样子就像大毛笔。而所谓的"涤方"和"滓方"，则是存放洗涤废水和茶渣用的，以便事后统一处理。至于"巾"，也即今之茶巾，但这里是用来擦洗或擦干各种茶道器具用的，所以要两块。

收纳时，因"滓方"的尺寸比"涤方"小，所以可以套装在"涤方"中。

"涤方"的尺寸比前文中讲到的"水方"小，所以可以套装在"水方"中。此外，前文中的"熟盂"，虽然不是方的，但容量仅为二升，故也是能够存放在"滓方"中的，足可见陆羽设计之精妙，收纳时在"具列"（留待下一节讨论）中只占一个"水方"的位置。

第 10 节 收纳用器 具列 都篮

具列：具列，或作床，或作架，或纯木、纯竹而制之，或木或竹，黄、黑可扃而漆者，长三尺，阔二尺，高六寸。具列者，悉敛诸器物，悉以陈列也。

都篮：都篮，以悉设诸器而名之，以竹篾内作三角方眼，外以双篾阔者经之，以单篾纤者缚之，递压双经，作方眼，使玲珑。高一尺五寸，底阔一尺，高二寸，长二尺四寸，阔二尺。

具列：具列，既可作茶床[1]，又可作器架，可用纯木或纯竹制作，也可用木和竹搭配起来制作，把它做成可关闩的[2]，漆成黄、黑色的小柜子。具列长三尺，宽二尺，高六寸。所谓具[3]列，是因为它是用来收纳全部茶器，同时也是煮茶时用来陈列全部茶器的。

都篮：都篮，因能悉数装进所有茶器而得名。都篮用竹篾编织，内部用"三角方眼"编织法，外面的纵向用双行阔篾，横向用丝篾，交替编压在纵向的阔篾上，并编织成"方眼"图案，以使玲珑雅致。都篮高一尺五寸，长二尺四寸，阔二尺，底宽一尺，高二寸。

释注

1. 床：这里是指低矮的，放置器物的，几、桌、案一类的陈设。

2. 原文"扃"，音jiōng，本义是从外面关门的门闩。《说文》"扃，外闭之关也。"

3. 具：这里是副词，是都、全的意思。如晋·陶渊明《桃花源记》："具答之。"

[要点解读]

一、既是茶床又是器柜的"具列"

关于《经》文中"具列，或作床，或作架"一句的翻译，此前都普遍译成："具列，成床形，或成架形"。但笔者则认为：这里的"作"是应作"当作"或"作为"来理解的，意即"具列"功能有两个：一是当作"床"来使用的。所谓"床"即唐时流行的"茶床"，当茶事活动开始时，先是要把"具列"从"都篮"里请出，然后打开门闩，取出各种煮茶器物，并有序地摆放在"具列"的面板上，按原文的文法就是"悉以陈列也。"所以，不难理解，这时的"具列"是完完全全作为"茶床"来使用的，也即今之茶道桌，只不过唐代人是席地而坐的，所以这种茶道桌很矮，高度只有六寸（即今18厘米左右）。二是当作"架"来使用的。所谓"架"就是收藏器物的架子，但这个架子是油漆成黄色或黑色，可关闭，可反锁（可扃），也即是个小橱柜。茶事活动结束后，所有的器物经擦洗干净，将按规定位置悉数收纳进柜，然后关门落闩放回"都篮"里。所以，也不难理解，这时的"具列"又是作为"架"来使用的，即悉数收纳所有茶道具的小橱柜，按原文的文法就是"悉敛诸器物"。至于"茶床"一词，似乎比较陌生，但绝非杜撰，而且在唐代文献中也并不少见，如唐·张籍《和陆司业习静寄所知》诗中的"山开登竹阁，僧到出茶床。"唐·朱庆馀《题任处士幽居》诗中的"湖云侵卧位，杉露滴茶床"等。至于"茶床"究为何物，《中国古代器物大辞典》在该词条中是这样定义的："茶床，置器物的架子。"但十分遗憾的是，它只说对了作为"架"的作用，而把"床"的作用给漏了。

二、都篮在茶道大行中功不可没

"都篮"一词始于《茶经》，"以悉设诸器而名之"，后来也用来装酒具，如清·富察敦崇在《燕京岁时记》中就有"携都蓝酒具，铺氍毹其上，轰饮冰凌中以为乐"等语。陆羽设计的"都篮"不仅玲珑雅致，更重要的是由于便于携带，从而为后来茶道的兴起，特别是野外茶事活动的风行提供了极大方便。正如唐·封演在他的《闻见记》中所评价的那样："楚人陆鸿渐为《茶论》，说茶之功效并煎茶炙茶之法，造茶具二十四事，以都统笼（注：即都篮）贮之。远近倾慕，好事者家藏一副。有常伯熊者，又因鸿渐之论广润色之。于是茶道大行，王公朝士无不饮者。"

三、二十四器一览（表）

类别	序号	名称	用途	简短说明
生火用器	1	风炉（含灰承）	煮茶火炉	煮茶主器，是一种三足鼎形风炉。其外径不会超过15厘米，因为具列的统高只有18厘米，框架占3厘米是起码的，不然就装不进去。
	2	筥	装木炭	用竹篾编织，或以木箱为内衬，外饰以藤织，高36厘米，径阔21厘米。（注：即原文的所谓七寸，疑有错，不然的话，只能放进都篮里，具列中是放不进的）
	3	炭樋	击碎木炭	"木吾"形，或斧形、鎚形。
	4	火筴	夹火炭用	即夹火炭用的铁筷子，或铜筷子。
煮水用器	5	鍑	煮茶煮水	煮茶主器，据同时代出土瓷茶鍑考证，其口径仅11.3厘米，统高约5厘米。又据江苏出土的同时代银茶釜考证，口径则有25.6厘米，高10厘米。但陆羽设计的生铁茶鍑应该是与风炉外径相一致的，所以口径不会大于15厘米。
	6	交床	安置茶鍑	木制，是可折叠的小案几，但更像小矮凳，但凳面是中空的，孔径刚好能安置茶鍑。
炙茶用器	7	夹	炙茶时用来夹住饼茶	就是竹夹子，也有用精铁或熟铜制成的，炙烤饼茶时用来夹住饼茶。但陆羽最崇尚的还是竹夹子，因为炙烤饼茶时，竹夹子受热后，会散发出鲜竹沥的清香，被茶吸附后，有利于提高茶的香气。
	8	纸囊	包贮饼茶用	所谓纸囊，就是饼茶炙烤干后，用来包装它的纸袋袋，纸质是当年产于浙江嵊州的一种藤类纤维纸。

续表

类别	序号	名称	用途	简短说明
碾末用器	9	碾 (含拂末)	用来把饼茶碾压成碎末	陆羽设计的茶碾是木质的，碾轮直径约8.4厘米，碾轴长27厘米，粗5.1厘米。碾轮不锐，中厚3厘米，边厚1.5厘米。至于碾槽尺寸，如以唐·法门寺出土的鎏金壶门座银茶碾为参考，则为：高7.1厘米，长27.4厘米，宽3厘米，槽深3.4厘米。
	10	罗合	筛分和存贮末茶	由罗筛与盒两部分组成，其中罗筛的圈是阔篾弯屈而成的，筛面为纱或绢。而所谓的"合"（盒），实际上就是一只制作精美的毛竹罐，通高9厘米，其中盖3厘米，底6厘米，罐径12厘米。而罗筛，则是精密地套装在盒子里面的。
	11	则	量茶	是匙一类的东西，煮茶时用来酌取末茶，并掌握量的多少，所以陆羽将它称之为则。
煮茶用器	12	水方	盛水用	方形，边长约15厘米，用板合成，加漆防漏，设计容量2000毫升。
	13	漉水囊	漉水用	煮茶时用的净水工具，但更重要的内在意义是避免杀生，这是佛门中人的重要理念。漉水囊，兜形，口径15厘米，柄4.5厘米，外加一个不渗水的油布袋。
	14	瓢	酌水酌茶用	用老熟的葫芦对剖去内而成，口径约5厘米，是煮茶时用来酌水、酌茶的工具。
	15	竹夹	鍑中搅水用	实际上就是一双毛竹筷子，长30厘米，两头裹银，煮水二沸时它来环激汤心，形成漩涡。
	16	鹾簋 (含揭)	装盐花用	即盐罐头，瓷质，直径12厘米。罐中有长12厘米，宽2.7厘米，厚0.3厘米的小竹片一条，叫"揭"，是取盐花用的。
	17	熟盂	暂存熟水用	陶瓷质的罐头，容量400毫升，直径约8厘米。熟盂是暂存熟水用的，即"二沸"时的水。
饮器	18	碗	饮茶用	陆羽最推崇的是越州窑的青釉茶碗。据中国茶叶博物馆藏的唐·越窑青釉茶碗考证，其碗敞口，足底，高3.8厘米，口径16.0厘米，底径6.5厘米。
清洁用器	19	畚 (含纸帕)	装贮茶碗用	即用白蒲草编织的小蒲包，质地细软，是包装茶碗用的，口径约17厘米，高约15厘米。纸帕十只。

续表

类别	序号	名称	用途	简短说明
清洁用器	20	札	洗刷茶器用	即棕毛刷子，毛笔形，其柄或竹或木。
	21	涤方	洗刷茶器用	形制与水方同，边长约14厘米，能套装在水方中。
	22	滓方	暂存茶渣	形制与涤方同，边长约13厘米，能套装在涤方中。
	23	巾	擦拭茶器用	粗绸做的，长60厘米。
收纳用器	24	具列	床、柜两用	在都篮中，它是一只安置前面二十三器的一只小柜子，在茶事活动中，它又是当作茶道桌用的。但《经》文中的尺寸疑有错，例如说它的长为"三尺"，但都篮的长度也只有二尺四寸，怎么装得进去？又如说宽"二尺"，与都篮同，也装不进去。
		都篮	收纳全部二十四器	是一只制作特别精美的竹编手提箱。《经》文说它长二尺四寸，阔二尺，高一尺五寸。但这个高度也疑有错，因为具列的高度仅六寸，空余得太多了。《茶经》问世后，历经传抄，谬误之处在所难免，而且有些地方的谬误已经无从考证。

茶经解读

茶经卷 下 · 五之煮

第1节 炙茶及碾末

原文

凡炙茶，慎勿于风烬间炙，熛焰如钻，使炎凉不均。持以逼火，屡其翻正，候炮出如培塿，状虾蟆背，然后去火五寸，卷而舒，则本其始又炙之。若火干者，以气熟止。日干者，以柔止。其始，若茶之至嫩者，蒸罢热捣，叶烂而牙笋存焉，假以力者持千钧杵，亦不之烂，如漆科珠，壮士接之，不能驻其指。及就，则似无穰骨也，炙之则其节若倪倪如婴儿之臂耳。既而承热用纸囊贮之，精华之气无所散越。候寒末之。（原注：末之上者，其屑如细米。末之下者，其屑如菱角。）

译文

饼茶的炙烤，切忌在火窜灰飞的迎风处[1]，飞窜的火苗[2]就像钻子，使饼茶受热不均。炙烤时饼茶要逼近火苗[3]，并不停地翻动，炙烤到出现一颗颗似虾蟆背上的小突起时[4]，然后离火苗五寸处炙烤，待卷缩的饼茶重新舒展开来，则又按原来的方法继续炙烤。制造时是烘焙至干的饼茶，以炙烤到冒热气为度。制造时是太阳晒干的饼茶，以炙烤到变软为度。有一种饼茶，制造时原料鲜嫩至极，由于蒸后就捣，结果叶是捣烂了，但芽尖还是完完整整的，即使是大力士用千钧之杵，也休想捣烂。这是因为，茶的芽尖就如同溜滑溜滑的漆科珠[5]，即使你再有力气，也是难以捏住它的。所以，这样的饼茶制好后，其中的芽尖就像没有筋骨似的，炙烤之后柔软得像婴儿的手臂。饼茶炙烤至干后，要趁热装进纸囊，使香气不致散失，等冷透了再碾压成末。至于末的优劣，陆羽注曰：上等末，其碎屑如细米状。下等末，其碎屑如菱角状。

释注

1. 原文"慎勿于风烬间炙"。烬，即灰烬。风烬，即随风飞窜的火苗及灰烬。
2. 原文"熛焰"。《说文》："熛，火飞也。从火，票声。"
3. 原文"逼火"，逼近火苗的意思。北魏·贾思勰《齐民要术·炙法》："逼火偏炙一面，色白便割。"

4. 原文"培娄"，有的版本为"培塿"：本作"部娄"，小土丘。《左传·襄公二十四年》："部娄无松柏。"注曰："部娄，小阜。"汉·应劭《风俗通·山泽·培》引《左传》作"培塿"。

5. 漆科珠：究为何物？目前还无从查考，但从前后文的意思去理解，但应该是一种细细软软又滑溜滑溜的东西。

<blockquote>
要点解读
</blockquote>

本节阐明了以下问题：

一是炙烤饼茶时忌风。这很好理解，火苗飘忽不定是烤不好茶的。

二是炙烤饼茶的方法和标准，现整理如下表：

饼茶类型	方法	标准
火干的饼茶	用小青竹做的夹，夹住饼茶，逼近炭火，不停地翻动，至出现一似虾蟆背小突起时，离火五寸处再烤，待饼茶重新舒展，又逼近炭火继续炙烤。	冒热气为度
晒干的饼茶		以变软为度

三是答疑芽尖为何捣不烂。陆羽说原因有两个，一是"蒸罢热捣"，二是茶的芽尖尖滑溜得如"漆科珠"。对此，笔者在2012年试制团饼茶时也碰到过，由于蒸后就捣，含水量很高，捣时几乎是浆状的，捣了半天，结果叶是捣烂了，但是芽尖尖还是完整的。所以，原因很简单：叶的表面积大，阻力大，因而难逃杵的舂捣；而茶的芽尖尖呢，就是因其细小，故而阻力就小，加之含水量高，在臼中窜来滑去很自由，怎么也捣不着它。后来，我们改进了方法，蒸后经摊凉散湿，让含水量降至约60%时再捣，结果问题就解决了，叶和芽都被均匀地捣烂了。

四是明确了末的优劣标准。陆羽在注中说："末之上者，其屑如细米。末之下者，其屑如菱角。"可见唐代的末茶与宋代的末茶完全是两个不同的概念，不是粉末，更不是越细越好，正确地说应该是一种"碎末"。其中："屑如细米"者，应是原料细嫩，蒸捣功夫到家，故而饼后膏体浆足、细腻、坚实，以致碾出来的碎末如细米，重实，所以是品质优良的特征。而"屑如菱角"者就相对较差了，那是由于原料相对粗老，春捣不到位，以致饼后膏体浆乏、粗糙、空松的结果，所以是品质相对较差的特征。

此外，本节《经》文还为前面的《卷上·三之造》补充说明了两个问题，其中：①唐代的饼茶是既有烘干又有晒干的，所以采制饼茶一定要选择晴天。不难理解，经春捣后成型的饼茶很郁闭，光凭烘干是很不容易的事，特别是采制洪峰季节。②鲜叶原料经蒸汽杀青后，是应该有一个摊凉散湿工序的，不能蒸后就捣，这一点陆羽在《三之造》中没有说，这里是补充说了，不然就不能把芽也捣烂。

第 2 节 煮茶用火

原文

其火用炭，次用劲薪（原注：谓桑、槐、桐、枥之类也）。其炭曾经燔炙，为膻腻所及，及膏木、败器不用之（原注：膏木为柏、桂、桧也。败器，谓朽废器也）。古人有劳薪之味，信哉！

译文

炙茶煮茶用火，最好是木炭，其次是桑、槐、桐、枥一类的木柴[1]。曾经炙烤[2]过肉类食物，沾染了腥膻油腻味的木炭，或者是柏、桂、桧一类有特殊气味的木柴[3]，以及陈旧朽腐了的木器[4]等，都不能用来炙茶和煮茶。古人有"劳薪之味"[5]的说法，看来确实如此。

释注

1. 原文"劲薪"。今按陆羽《经》文原注：劲薪"谓桑、槐、桐、枥之类也。"
2. 原文"燔炙"。燔就是烤。
3. 原文"膏木"。今按陆羽《经》文原注："膏木为柏、桂、桧也。"
4. 原文"败器"。今按陆羽《经》文原注："败器，谓朽废器也。"也即陈旧朽腐了的木器。
5. 劳薪之味：木轮车的车脚劳累多年后被拆下当烧柴，故称"劳薪"。

要点解读 茶是特别容易吸收异味的，所以陆羽对煮茶用火也特别讲究，一是要清洁卫生，二是不能有对茶有妨碍的异味。例如炙烤过肉类的木炭会有油腻味，陈旧木器作燃料会有一股陈腐味，柏、桂、桧类作薪会有各自浓烈的特种气味，所以都不能作为炙烤和煮茶的燃料。对此，陆羽还专门引用了"劳薪之味"的典故。这个典故出自成语"食辨劳薪"，说晋朝时，一个叫荀勖的，一次与晋武帝一起食笋进饭时对晋武帝说："此是劳薪所炊也。"晋武帝不信，私下派人去打听，结果真的是用旧车脚煮的。这一典故，是赞扬荀勖见识卓越，同时也侧面证明了陆羽评茶辨味水平之高超。

第3节 煮茶用水

原文

　　其水，用山水上，江水中，井水下。（原注：《荈赋》所谓水则岷方之注，挹彼清流。）其山水，拣乳泉石池慢流者上，其瀑涌湍漱勿食之，久食令人有颈疾。又水流于山谷者，澄浸不泄，自火天至霜降以前，或潜龙蓄毒于其间，饮者可决之，以流其恶，使新泉涓涓然，酌之。其江水，取去人远者。井水，取汲多者。

译文

煮茶用水，以山水为上，其次是江河中的水，井水最差。《荈赋》中有所谓："水则岷方之注，挹彼清流。"[1]的说法。而山水呢，又以选择在石池中慢流涌动的乳泉[2]为上，而那种高山飞瀑、喷涌之泉、石上急流等奔涌湍急的水[3]就不要饮用了，久喝这种水会得颈病。还有那种山谷中淤滞的水，看似澄清，但由于不流动，从夏天到霜降前，恐有蛇虫之毒，你要饮用的话，得先开个决口，把毒水放掉，重贮涓涓新泉，然后酌取。江河里的水，要到离人远的地方去取，使用井水的话，则要选择汲水者多的井。

释注

1. 水则岷方之注，挹彼清流：语出晋·杜毓《荈赋》，意即：煮茶择水要酌取流向岷江的清澈山水。岷江：长江支流，源出四川省岷山南麓。"挹"——《广韵》："酌也。"
2. 乳泉：甘美清洌的山泉。
3. 原文"瀑涌湍漱"。"瀑"是指飞流而下的瀑布；"涌"是指喷涌而出的泉水，汉·王充《论衡·状留》："泉暴出者曰涌"；"湍漱"即石上急流，《论衡·状留》："是故湍濑之流，沙石转而大石不移。"

要点解读　陆羽是古代出了名的鉴水专家，"山水上，江水中，井水下。其山水，拣乳泉石池慢流者上"，这短短二十一字是他对煮茶用水最高度的概括，言简意赅。那"乳泉"又究竟是何种山水呢？对此，太多的学者把它理解为"石钟乳上之滴水"了，而且《辞海》上也是这么说的，但于茶理不通。众所周知，钟乳石上的滴水是硬度很高的水，含有过量的钙、镁等阳离子，不宜茶。吴觉农的《茶经述评》也说："软水泡茶，茶汤明亮，香味鲜爽，用硬水泡茶则相反，会使茶汤发暗，滋味发涩。"虽说钟乳石上的滴水是暂时硬水，煮开后会软化些，但析出的钙、镁等碳酸盐会积淀锅底，何况唐茶又是煮的，结果是让这些沉淀与末茶一起煮了。

再说，陆羽一生鉴水无数，其中最受肯定的是"中泠泉"和"惠山泉"等，但从未闻有喜爱石钟乳滴水之说。对此，浙江·余杭的旧《县志·陆羽泉》条中也曾有确切记载："陆羽泉在县西北三十五里吴山界双溪路侧，广二尺许，深不盈尺，大旱不竭，味极清洌（嘉庆县志）。唐·陆鸿渐隐居苕霅著《茶经》其地，常用此泉烹茶，品其名次，以为甘洌清香，中泠、惠泉而下，此为

位于杭州·余杭·径山东麓的陆羽泉

竟爽云（旧县志）。""中泠泉"在今江苏省镇江金山寺外，号称天下第一泉，泉水甘洌醇厚。"惠山泉"在江苏无锡，是经石英岩层涌出的清澈山水。至于陆羽泉，传说是陆羽所凿，后人为纪念他而名。陆羽泉在杭州·余杭径山东麓，也是经砂石潜流涌出之山泉。这些山泉都有一个共同特点，水不深，砂石为底，水是从砂石缝隙中涌流出来的，味极清洌，大旱不竭。为什么会大旱不竭呢？盖因有大面积的山崖、森林，加之土壤多砂质深厚，故水资源涵养量十分富足。

其次，在古代名泉中，也确有称之为"乳泉"的，如广西桂平的西山乳泉。此泉井口圆形，花岗石砌成，径1米，水深0.5米。据桂平县志载："泉清洌，如杭州龙井，而甘美过之。"又如安徽怀远的白乳泉。此泉背依荆山，面临淮河，相传唐代时曾有白龟从泉中出没而得名，号称天下第七泉。宋时，诗人苏东坡曾游此泉，并留下千古绝句："荆山碧相照，楚水清可乱。刖人有余杭（暗指作者自己。苏轼涉案被贬前任杭州通判。杭州古称余杭），美石肖温瓒。龟泉木杪出，牛乳石池漫。"可见对白乳泉赞美有加，特别是最后的"牛乳石池漫"句，忽地让人茅塞顿开，原来这个"乳"字是用来比喻泉水甘美的！

综上所述，"乳泉"应理解为"甘美清洌的山泉"，这样才既符合茶理，又符合陆羽钟爱清洌山泉的实际。

第4节 煮与酌

原文

其沸：如鱼目，微有声，为一沸。缘边如涌泉连珠，为二沸。腾波鼓浪，为三沸，已上水老，不可食也。初沸，则水合量调之以盐味，谓弃其啜余（原注：啜，尝也，市税反，又市悦反），无乃𬉼䚩而钟其一味乎！（原注：𬉼，古暂反。䚩，吐滥反。无味也。）第二沸出水一瓢，以竹夹环激汤心，则量末当中心而下，有顷，势若奔涛溅沫，以所出水止之，而育其华也。

凡酌，置诸碗，令沫饽均。（原注：《字书》并《本草》：饽，茗沫也。饽，蒲笏反。）沫饽，汤之华也，华之薄者曰沫，厚者曰饽，细轻者曰花。如枣花漂漂然于环池之上。又如回潭曲渚，青萍之始生。又如晴天爽朗有浮云鳞然。其沫者，若绿钱浮于水湄，又如菊英堕于鐏俎之中。饽者，以滓煮之，及沸，则重华累沫，皤皤然若积雪耳。《荈赋》所谓"焕如积雪，烨若春薮"，有之。第一煮水沸，而弃其沫，之上有水膜，如黑云母，饮之则其味不正。其第一者为隽永（原注：徐县、全县二反。至美者曰隽永。隽，味也。永，长也。味长曰隽永。《汉书》：蒯通著《隽永》二十篇也。），或留熟盂以贮之，以备育华救沸之用。诸，第一与第二，第三碗次之，第四、第五碗外，非渴甚莫之饮。凡煮水一升，酌分五碗（原注：碗数少至三，多至五，若人多至十，加两炉），乘热连饮之。以重浊凝其下，精英浮其上。如冷则精英随气而竭，饮啜不消亦然矣。

译文

煮水分三沸：当出现如鱼目样的小泡泡，并有轻微响声时，为"一沸"。当锅边出现连珠般泡泡时，为"二沸"。当沸成腾波鼓浪时，为"三沸"，如果再继续煮，那水就老了，不宜饮用了。水至一沸时，要根据水量适当放点盐调味，然后尝尝[1]看，把尝剩的倒掉。但加盐要切忌过量，难道因无味[2]就独钟咸味了吗！二沸时，出水一瓢于熟盂中，再用竹夹环激汤心，形成漩涡，然后用"则"量末茶往旋涡中心投进。稍过一会儿，锅中茶汤就会势若奔涛溅沫，这时要用刚才舀出的那瓢熟水倒入止沸，以育茶汤之精华——沫饽[3]。

至于酌茶，就是把茶汤舀到诸位的碗里，注意各碗的"沫饽"要均匀。

沫饽是茶汤的精华，薄的叫"沫"，厚的叫"饽"，细轻的叫"花"。其中的"花"，有像枣花漂浮于圆池似的，有像迂回曲折于潭边渚旁始生浮萍似的，有像晴空中鳞鳞浮云般似的。那"沫"呢，那是有似青苔[4]浮在水岸间的，又有如菊花落在宴席[5]上的。至于"饽"，那是茶滓在煮的过程中产生的，水到沸腾时，汤面上便会堆积起一层厚厚的白沫，丰盛[6]得像皑皑积雪。《荈赋》中形容它"焕[7]如积雪，烨[8]若春薂[9]"，结果真是这样。但一沸时的沫是要去掉的，上面有一层水膜，如黑云母，其味不正。一沸时的水是最好的，味长至美[10]，要舀出一瓢，暂存在"熟盂"里，以备育华止沸之用。酌出的茶汤，以第一、第二为好，第三碗略差，第四、第五碗之外，要不是为了救渴，就不必喝了。一般煮水一升，宜酌分成五碗（原注译：少到三碗，多到五碗，如多到十人，则应用两只风炉煮茶），要趁热喝完。因为重浊不清的物质都凝聚在下面，而沫饽等精华部分是浮在上面的，如果冷了，精华就随气消散了，因此不喝也罢。

释注

1. 原文"啜"。《说文》："啜，尝也。"《经》文中陆羽的注解也是"尝"的意思。

2. 原文"餂餂"。《广韵》："餂餂，无味也。"《经》文中陆羽的注解也是"无味"的意思。

3. 原文"华"。《经》文下一节中有："沫饽，汤之华也。"

4. 原文"绿钱"，青苔的别称。唐·李善 注引崔豹《古今注》："空室无人行，则生苔藓，或青或紫，一名绿钱。"

5. 原文"鐏俎"，借指宴席。

6. 原文"皤皤然"，丰盛的样子。左思《魏都赋》："丰肴衍衍，行庖皤皤。"

7. 焕：光亮，鲜明的意思。

8. 烨：光辉灿烂的意思。

9. 春薂：春天成片铺开的花。

10. 原文"隽永"，味长至美的意思。据陆羽自注："徐县、全县二反。至美者曰隽永。隽，味也。永，长也。味长曰隽永。《汉书》：蒯通著《隽永》二十篇也。"

要点解读 本节重点是要弄懂唐代煮茶的几个关键要求：

一是煮水忌老。煮水"老"了、"嫩"了都会影响水的质量，从而也影响到茶的汤色、香气和滋味。陆羽认为水至"三沸"即可，要用预备在"熟盂"中的水点住，不然就老了。科学也证明，久沸的水，水中的二氧化碳会散失殆尽，从而减弱茶汤的鲜爽度。

二是"一沸"时要加盐调味，但不能加多了。至于究竟以加多少盐才合适，陆羽没有说。人类味觉对盐（咸）的阈值是0.05%，如果根据盐是君子不夺茶味的说法，那么煮水一升（合今200毫升）的加盐量应该是0.1克就够了。但另据程启坤先生实验，则是以加0.4克比较恰当，咸淡适口。

三是"二沸"时要出水一瓢存于熟盂中，然后用竹夹把锅中之水搅出一个漩涡来，再把末茶当心投下。茶汤至"三沸"时就好了，这时要把熟盂中的水重新倒回锅里止沸，并移锅交床待酌。至于投茶量，在《茶经·四之器》中已经说得很明白了，说"凡煮水一升，用末方寸匕"（即一平方寸匙量）。但末茶的比重是因质量而异的，一般为2—3克。

四是酌茶要匀，其中特别是"沫饽"的分配要匀。陆羽视"沫饽"为精华，在他的笔下仿佛美得宛如一道道妙极的风景。说实在，在中国古代，特别是中唐时期，像陆羽这样有经历，有思想，不愿流于浮华，但又无力回天，于是寄情山水，假以茶道，抒发情怀的文人墨客是不在少数的。

第 5 节 茶性俭 不宜广

原文

茶性俭，不宜广，广则其味黯澹。且如一满碗，啜半而味寡，况其广乎！其色缃也。其馨歕也。其味甘，槚也。不甘而苦，荈也。啜苦咽甘，茶也。（原注：一本云：其味苦而不甘，槚也。甘而不苦，荈也。）

译文

茶君性俭，不宜奢侈¹，否则就没有希望了，就不美好²了（当指茶道而言）。就像一满碗茶，一喝就是半碗，结果什么味道都没品出来，何况又是在华丽奢侈的场境中呢！茶色浅黄³，茶香至美⁴。味甘的是槚，不甘而苦的是荈。苦后回甘的是茶（原注译：也有说苦而不甘的是槚，甘而不苦的是荈）。

释注

1. 广：富丽、堂皇、丰盛的意思，引申为奢侈、侈丽。
2. 原文"黤澹"。比喻没有希望，不美好。
3. 原文"缃"，浅黄色。如汉《乐府诗集·陌上桑》中的"缃绮为下裙"。
4. 原文"歝"，音shǐ，香气至美的意思。

[要点解读] 茶本草木，何来性俭之说？由此，不少学者就把"茶性俭"理解为茶的内含物少，所以水不能多放，水多了会淡而无味。但是，纵观整部《茶经》，在陆羽笔下的茶，既是物质的，又是精神的，而且重点还是把它作为精神载体来写的，开篇第一句就称茶为"嘉木"，也即品行至善，具备无私奉献精神的木中君子。所以，笔者就据此大胆地在茶的后面加了一个"君"字，翻译成"茶君性俭"。如是，则"不宜广"中的"广"字也就好理解了，它应该是"俭"的反义词"侈"的意思，《左传》曰："俭，德之共也。侈，恶之大也。"而且，在唐代，"广"字确实也常作"侈丽"（陆羽语）解的，如：唐·元结《广宴亭记》（全唐文 第四部 卷三百八十二）的"樊山开广宴"，这里的"广"就应该是富丽、堂皇、丰盛的意思。唐·骆宾王《久戍边城有怀京邑》中的"宝帐垂连理，银床转辘轳。广筵留上客，丰馔引中厨"句（全唐诗·卷七十九），这里的"广"也是富丽、堂皇、丰盛的意思，与陆羽的"侈丽"是近义词。

明·徐同气在他的《茶经序》说："陆子之文，奥质奇离"，"其简而赅"。所以对于这段文字，笔者认为至少应从三个层面去解读。第一个层面是说品茶宜俭不宜侈（广）。茶的汤色浅黄，香气至美，其味或甘、或苦、或啜苦咽甘，但此君秉性淡泊，内敛，精行俭德，从不张扬，所以对于饮茶之人来说，首先需要专心致志，俭以致静，静下心来，涤除杂念，而后少许地呷上一小口细细品尝，方能悟出其中的真色、真香、真味。对此，精于茶道的人都知道，好茶是要品的，如果大口大口地喝，即使再好的上品也喝不出滋味，即陆羽所说的"味寡"是也。第二个层面是说修习"茶道"的人宜俭不宜侈（广）。茶君性俭，它和精行俭德之人是最志同道合的，而不宜与那些终极追求"物精极、衣精极、屋精极"（当时社会统治层的腐败现象）的奢侈之辈为伍。第三个层面是说"茶道"之器宜俭不宜侈（广）。所以，《茶经·四之器》中的二十四器，其材质虽然都是竹、木、藤、草、鸟羽、贝壳及寻常铜、铁之类，但件件精美、雅致、实用，尽具俭朴之美，而对当时宫廷中煅金饰银的茶具却不屑一顾，原因是有涉"侈丽"。当然，"广"是一个多义词，其中也可作"多"的意思解的，如明·张源在他的《茶录》中就把它解读为"饮茶以客少为贵，客众则喧，喧则雅趣乏矣"。吴觉农先生在他的《茶经述评》中则解读为煮茶时的用水"不宜多，水多了滋味淡薄"。

所以，纵观整部《茶经》，这段话有着承上启下的作用，既是对前面之源、之具、之造、之器、之煮各章的概括，同时又是为启动其后各章展开进一步论述提个头。

茶经解读

茶经卷·六之饮

第1节 荡昏寐饮之以茶

原文

翼而飞，毛而走，呿而言，此三者俱生于天地间，饮啄以活，饮之时义远矣哉！至若救渴，饮之以浆，蠲忧忿，饮之以酒，荡昏寐，饮之以茶。

译文

无论飞禽走兽，还是会开口说话的人类[1]，都生活在天地间，都得靠饮、食来维持生存，足可见饮的现实意义是何等深远啊！如若你是为了解决口渴的问题，那就去喝清凉饮料[2]。如果是为了解忧消愤，那你就去喝酒吧。为了涤荡昏寐[3]，那你就喝茶去。

释注

1. 原文"呿而言"，张口说话的意思。这里是指会开口说话的人类。
2. 原文"浆"。《说文》："浆，酢浆也。"古代一种带酸味的清凉饮料。
3. 荡昏寐：本意是消除睡意。但在这里是不能如此简单理解的。（另见[要点解读]）

要点解读

在这一节中，陆羽一开始就强调饮和食的重要性，但这个道理是不言而喻的，所以关键不在这里，而是怎样理解茶是用来"荡昏寐"的，难道茶的功效仅仅在于它能解除睡意吗？显然，这是该否定的。不然的话，就与前面《茶经·一之源》中的"嘉木"、"为饮，最宜精行俭德之人"、《茶经·五之煮》中的"茶性俭，不宜广"、特别是与《茶经·四之器》中一系列尽显俭朴之美的器中之道不相一致了。其实，对于"荡昏寐"的真正内涵，在唐·皎然《饮茶歌诮崔石使君》中就有一个不错的诠释："一饮涤昏寐，情思朗爽满天地。再饮清我神，忽如飞雨洒轻尘。三饮便得道，何须苦心破烦恼……孰知茶道全尔真，唯有丹丘得如此。"皎然不仅是陆羽的第一至交，并对陆羽《茶经》的形成有过重要贡献，应该说是对陆羽最了解的人了。再如与陆羽同时代的钱起，他有一首《与赵莒茶宴》的诗也表达了同样意思："竹下忘言对紫茶，全胜羽客醉流霞。尘心洗尽兴难尽，一树蝉声片影斜。"高度赞颂茶道的好处，好就好在能帮助人们洗尽"尘心"，从而进入一个高尚的人生境界。

所以，吴觉农先生在他的《茶经述评》中就明确指出："在理解'荡昏寐'的作用时，就不能单纯理解它在生理和药理方面所起的作用，也应理解它在精神生活上所起的作用。"也就是说，这"昏寐"更重要的是指人们在心灵上的种种昏寐，用陆羽在《茶经》说过的话，那就是终极追求"侈丽"等的种种不"嘉"（即不"善"）、不"俭"的"昏寐"心理。当然，陆羽的所谓"荡昏寐，饮之以茶"也非普通之饮了，因为他已经把饮茶解渴的功效送给"浆"了，把茶能兴奋精神的功效交给"酒"了，留下的只是"荡昏寐"的茶道之饮。

第2节 唐前的著名茶人

原文

茶之为饮，发乎神农氏，闻于鲁周公，齐有晏婴，汉有杨雄、司马相如，吴有韦曜，晋有刘琨、张载、远祖纳、谢安、左思之徒，皆饮焉。滂时浸俗，盛于国朝，两都并荆俞间，以为比屋之饮。

译文

茶作为饮料，始于神农氏，见闻于鲁周公的《尔雅》[1]。春秋时齐国的晏婴，汉代的杨雄、司马相如，三国时吴国的韦曜，晋代的刘琨、张载、陆纳、谢安、左思等人都是有名的茶人[2]。后来流传广泛了，便逐渐形成为风气，到了我大唐朝时达到了鼎盛，在两都（西安、洛阳）及江陵、重庆等地，竟是家家户户都饮茶了。

释注

1. 原文"闻于鲁周公"。鲁周公，周文王之子，后世尊为周公，因原封国在鲁，故又称鲁周公。后人假周公之名作《尔雅》（约成书于战国至汉初），其中有茶的记载，故有"闻于鲁周公"之说。

2. 原文"皆饮焉"。根据前文"荡昏寐，饮之以茶"中"饮"的含义；又下文"夏兴冬废非饮也"中对"饮"的定义，这里的所谓"饮"，是应该作为"精行俭德之人"修道之"饮"来理解的，故译为"茶人"比较贴切。

要点解读　本节简述了从神农开创茶的饮用、周公时始见文字记载、唐前历代茶人，到鼎盛于大唐的饮茶史，但重点还在于借机推出陆羽心目中的十一位真正茶人，即人生如茶，精行俭德的茶道中人。为什么这样说呢？因为如果不是这样，那这段文字就跟《茶经·七之事》存在着严重重复之虞，惜字如金的陆羽怎么可能犯这种低级错误呢。再者，《茶经·七之事》中的涉茶人物有四十三个之多，但不是个个都够得上茶人（即"饮"者）资格的，故而只精选了其中十一位史上德高望重，又品行特别完美者。其中：

神农氏：传说中的炎帝，是教民稼穑，尝百草，教人治病的华夏之祖，也是中华茶祖。陆羽在《茶经·七之事》中摘引了《神农食经》中"茶茗久服，令人有力，悦志"的记载。

神农画像

鲁周公：即周公，姓姬名旦，是西周初期杰出的政治家、军事家、思想家、教育家，是"集大德、大功、大治于一身"（贾谊语）的儒学先驱和奠基人。陆羽在《茶经·七之事》中引用了周公《尔雅》中有关茶的一些记载。《尔雅》是中国最早的字书，也是最早出现有关茶叶记载的字书。

周公画像

晏婴：字仲，春秋时期著名政治家、思想家、外交家。晏婴以生活节俭，谦恭下士著称，孔子曾赞曰："救民百姓而不夸，行补三君而不有，晏子果君子也"。晏婴是"以茶为廉"的代表性人物，陆羽在《茶经·七之事》中摘引了《晏子春秋》中关于"婴相齐景公时，食脱粟之饭，炙三戈、五卵茗菜而已"的故事。

晏婴画像

杨雄：字子云，擅长辞赋，是继司马相如之后，西汉最著名的辞赋家。杨雄性俭，尚茶，班固在《汉书》中赞曰："不汲汲于富贵，不戚戚于贫贱，不修廉隅以徼名当世"。陆羽在《茶经·七之事》中引用了杨雄《方言》中关于"蜀西南人谓茶曰蔎"的考证。

杨雄画像

司马相如：字长卿，西汉辞赋家，后人尊为赋圣，汉赋的奠基人。杨雄曾赞曰："长卿赋，不似从人间来，其神化所至邪"。杨雄和司马相如都是汉时的著名茶人，陆羽在《茶经·七之事》中摘引了司马相如的《凡将篇》。《四库全书总目提要》有评价道："言茶者莫精于羽，其文亦朴雅有古意。七之事所引多古书，如司马相如凡将篇一条三十八字，为他书所无，亦旁资考辨之一端矣。"

司马相如画像

韦曜：本名韦昭，字弘嗣，三国时期著名史学家、东吴四朝重臣。韦曜秉性耿直，后因得罪孙皓遭害。韦曜是古代"以茶代酒"的代表性人物，陆羽在《茶经·七之事》中引用了《吴志·韦曜传》中的这一历史典故。需要说明的是，三国·东吴的末代皇帝孙皓也是这一典故中的核心人物，但因在位时昏庸暴虐，吴灭后投降西晋，降后封"归命侯"，所以陆羽是看不起他的。

韦曜画像

刘琨：字越石，晋朝政治家、文学家、音乐家和
军事家。刘琨是"闻鸡起舞"典故中主人公之一，说
的是：刘琨与祖逖互相勉励，立志为国效力，半夜听
到鸡叫就起床舞剑，刻苦练功。后用"闻鸡起舞"形
容有志之士及时奋发，刻苦自励。刘琨尚茶，是古代
"仰真茶"的代表性人物，陆羽在《茶经·七之事》中
引用了刘琨因"吾体中溃闷，常仰真茶"，写信要侄
子刘演置茶的史料。

刘琨画像

张载：字孟阳，著名文学家，《晋书·卷
五十五·张载传》记曰："载性闲雅，博学有文章"。
张载尚茶，有史上最早的涉茶诗《登成都楼》，陆羽
在《茶经·七之事》中摘引了该诗的后十六句："借问
扬子舍，想见长卿庐。程卓累千金，骄侈拟五侯。门
有连骑客，翠带腰吴钩。鼎食随时进，百和妙且殊。
披林采秋桔，临江钓春鱼。黑子过龙醢，果馔逾蟹
蝑。芳茶冠六清，溢味播九区。人生苟安乐，兹土聊
可娱。"该诗由物及人，层层铺叙，借缅怀先贤（汉·司
马相如和杨雄），采用强烈对比的笔法，隐喻对地方权豪

张载画像

骄纵奢侈的不屑，抒发对先贤清风野趣的赞美，并借茶自勉，勉励君子应该品
味如茶，德播九州，"芳茶冠六清，溢味播九区"。诗中的"六清"即《周礼·膳
夫》中的六种饮料：水、浆、醴、凉、医、酏。"九区"即九洲。史说张载貌
丑，外出时顽童常以石掷之，以致"投石满载"，而陆羽在他的《陆文学自传》
中也说自己"有仲宣、孟阳之貌陋，相如、子云之口吃"，这其中的"孟阳"
就是张载，而"相如"就是指前面所说的司马相如，故多多少少也有点借故人
喻己之意。

远祖纳：即陆纳，字祖言，东晋时司空玩子，陆羽与其同姓，故尊为远
祖。陆纳尚茶，并视茶为素业，《晋书·陆纳传》中有"少有清操，贞厉绝俗"
的评价，是一个以精行俭德著称的人。《晋中兴书》中有一则"陆纳杖侄"的
故事，说是：有一次，卫将军谢安要去拜访陆纳，侄子陆俶埋怨叔父无备，但

又不敢问，便暗暗作了些安排。谢安来了，陆纳原本只准备以茶果相待，不料陆俶却摆上了一桌丰盛的筵席。客人走后，陆俶被陆纳打了四十杖，并斥责曰："汝既不能光益叔父，奈何秽吾素业"。意思是说：你不能为叔增光倒也罢了，为何还要沾污我一向坚持的素业呢。"素业"即清白的操守，陆羽在《茶经·七之事》中全文摘引了《晋中兴书》中的这一典故。

谢安：字安石，号东山，就是前面"陆纳杖侄"故事中的那个卫将军，东晋名相、政治家、军事家。谢安尚茶，精行俭德，是陆纳的好茶友。史说谢安虽出身门阀，但并不慕名利，淡泊自处，屡招不士，隐居东山，直到朝廷以"为国分忧"的名义再次征召，才离开东山，即史说的"东山再起"。此时谢安已年过四十，出山后，挫败了桓温篡位，决胜了淝水之战，从而为东晋赢得了几十年的和平。

谢安画像

左思：字泰冲，西晋著名文学家，文风与陆羽相似，善于讽谕寄托，治学严谨。据《晋书》载，他花十年努力完成的《三都赋》，曾令"豪贵之家，竞相传写，洛阳为之纸贵"。左思尚茶，虽出身寒门，但志存高远，精行俭德，正如其《咏史》诗中所云："贵者虽自贵，视之若埃尘。贱者虽自贱，重之若千钧"。左思的《娇女》诗是史上最早涉及烹茶的诗篇，全篇五十六句，陆羽在《茶经·七之事》中抽录了其中的十二句："吾家有娇女，皎皎颇白晰。小字为纨素，口

左思画像

齿自清历。其姊字惠芳，面目粲如画。驰骛翔园林，果下皆生摘。贪华风雨中，倏忽数百适。心为茶荈剧，吹嘘对鼎䥶（音lì）。"

第3节 知茶不容易

原文

饮有觕茶、散茶、末茶、饼茶者，乃斫，乃熬，乃炀，乃舂。贮于瓶缶之中，以汤沃焉，谓之痷茶。或用葱、姜、枣、橘皮、茱萸、薄荷之属，煮之百沸。或扬令滑。或煮去沫。斯沟渠间弃水耳，而习俗不已。

于戏！天育万物，皆有至妙，人之所工，但猎浅易，所庇者屋屋精极，所著者衣衣精极，所饱者饮食，食与酒皆精极之。茶有九难：一曰造，二曰别，三曰器，四曰火，五曰水，六曰炙，七曰末，八曰煮，九曰饮。阴采夜焙，非造也。嚼味嗅香，非别也。膻鼎腥瓯，非器也。膏薪庖炭，非火也。飞湍壅潦，非水也。外熟内生，非炙也。碧粉缥尘，非末也。操艰搅遽，非煮也。夏兴冬废，非饮也。

译文

茶的种类，有粗（觕即粗）茶、散茶、末茶、饼茶。饮用前先要经敲击至碎[1]、釜炒[2]、烤干[3]，并在臼中捣碾成末[4]。饮用时，有的是放在瓶缶中，然后用开水冲泡，称之谓痷茶[5]；有的还要再加葱、姜、枣、橘皮、茱萸、薄荷等，然后煮了再煮；有的在煮茶时不断地把茶汤舀起又倒回去，直到让茶汤稠滑[6]；有的则要把茶汤上的精华——"沫饽"去掉等，如此等等的茶，简直无异于沟渠里的废水，但这些习俗竟一直流传了下来！

啊！天生万物，都有它的精妙极致，但人工所能的，不过就那点点肤浅的皮毛，（人啊！）只知道终极追求把住的屋子造得精致至极，把穿的衣服做得精美至极，把喂肚子的食物和酒都弄得味美至极。（但你可知茶道不？）要知道茶可有九难，其中：一是制造，二是鉴别，三是器，四是火，五是水，六是炙烤，七是碾末，八是煮，九是品饮。例如阴天采茶，夜间烘焙，就不是正确的茶叶加工方法；仅凭口嚼辨味，鼻闻辨香，就不能算是真正懂得鉴别之道；沾染了膻气的风炉、有腥味的茶瓯等是不能作为煮茶之器的；柏木、桂木、桧木等有特殊气味的木柴，以及沾染了腥膻油腻味的木炭[7]是不能用作煮茶燃料的；奔涌湍急的水，停滞不流动的水等[8]是不能用来煮茶的；把饼茶炙烤得外焦里不熟，是不合格的炙烤；把饼茶捣碾得细如碧粉缥尘，那就不是"末"了；煮茶时动作笨拙，手脚慌乱⁹，就说明你还不会煮茶；夏天喝茶而冬天不喝，说明你只是为了解渴¹⁰，并不是茶道中人。

释注

1. 原文"斫"。斫zhuó，敲击的意思。《说文》："击也。"如《后汉·吕布传》："拔戟斫机。"
2. 原文"熬"。"熬"在这里是釜炒的意思。《说文》："干煎也。"《方言七》："熬，火干也。以火而干五谷之类"。
3. 原文"炀"，用火烘烤至干的意思。《说文》："炙燥也。"
4. 原文"舂"，本意是把东西放在石臼中捣。
5. 痷茶：古代一种浸泡的茶。痷（音ān）古与腌、淹通，浸渍或盐渍的意思。
6. 原文"扬令滑"。"扬"是指"扬汤"，意思是把锅里开着的水反复地舀起来又倒回去。如成语"扬汤止沸"。"令滑"是让茶汤稠滑的意思。
7. 原文"膏薪庖炭"。"膏薪"即"膏木"，陆羽在《茶经·五之煮》中有注："膏木为柏、桂、桧也。""庖"的本义是厨房，"庖炭"即厨房里用过的炭，是有可能沾染有腥膻油腻味的。
8. 原文"飞湍壅潦"。"飞湍"：飞奔的急流。"壅"：堵塞的意思。"潦"：停滞的积水。
9. 原文"操艰搅遽"。"操艰"：操作艰难，也即动作笨拙。"遽"，音jù，惶恐、窘急、慌乱的意思。
10. 原文"夏兴冬废"。寓意只是为了解渴。

要点解读 一、关于唐代的茶类和饮用方法

　　无疑，唐代的主流茶类是饼茶，主流的饮用方法也应该就是陆羽所倡导的煮茶法，但并不是仅此而已，正如《经》文中所说，也是五花八门的。例如文中所说的"散茶"，就疑似炒青类绿茶，唐·刘禹锡《西山兰若试茶歌》有"山僧后檐茶数丛，春来映竹抽新茸。宛然为客振衣起，自傍芳丛摘鹰觜。斯须炒成满室香，便酌砌下金沙水。""觜"同"嘴"，"鹰嘴"

是形容采下的茶芽，相当于现今的一芽一叶初展，"斯须"就是片刻、一会儿的意思。对此，宋·朱翌《猗觉寮杂记》中也有所及："今采茶者得芽即蒸……唐则旋摘旋炒。"由此可见，炒青类绿茶在唐代就已经有了。但关于文中所谓的粗茶和末茶，则应该都属蒸青类绿茶，其中粗茶是原料较为粗老的饼茶，末茶则是蒸研后未经压饼成型而直接焙干或炒干的茶，在本质上说应该是没有多大区别的。至于饮用方法，其共同点是要先令其干燥，然后再春研成末，但之后的饮，则并非全是煮着喝的，虽有"唐煮、宋点、明撮泡"之说，然泡饮之法实是自古有之，例如文中的痷茶，就是把研碎的末放在容器中用沸水冲泡的，而且还是最早有记载的饮茶方式，如《广雅》中就记载说："欲煮茗饮，先炙令赤色，捣末置瓷器中，以汤浇……"足可见这种撮泡式饮茶法在唐前就有，只不过不被陆羽看好而已。至于煮饮的方法，那倒真是五花八门了，而且都是唐前的老祖宗们流传下来的，但陆羽不提倡，因为他提倡的是君子式清饮，讲究的是茶的珍鲜馥烈，突出的是钟情自然的情趣，一言以蔽之，他是一个以精神效果至上的茶道中人。

二、关于"屋精极、衣精极、食精极"

《经》文里突然出现这段话，怪怪的，但如果再回首看看《茶经·四之器》中也有的类似文字，也就见怪不怪了。例如把风炉铸造的纪年别出心裁地表达为"圣唐灭胡明年铸"，又如把敲击木炭的"炭檛"比喻成"若今之河陇军人木吾"。其实，所有这些的目的只有一个，那就是要提醒人们他写作《茶经》的历史背景，抑或说为什么要把"精行俭德"确立为茶道宗旨的历史背景。显然，如果说当年的"安史之乱"以及河陇地区大片唐土因乱被吐蕃占领等是一种结果的话，那么其根本原因就在于，唐在开元年间盛极巅峰后，玄宗由俭转奢，从而从根本上动摇了唐初的廉政气候，在顶极繁华的掩盖下，朝廷上下转而变成物欲横流，终极追求"物精极、衣精极、屋精极"的生活目标，并因此相互争斗和倾轧。但是，这对于一批有正义感的文人士大夫们而言是不屑一顾的，其中就包括了陆羽，他们借以茶道，博古论今，无所不及。

三、夏兴冬废，非饮也

吴觉农在他的《茶经述评》中说："《茶经》作者陆羽可说是一个讲求精神效果的代表人物，日本的茶道也属于这一类型"。客观地说，作为物质的茶，首先是它的生理效果，这是第一性的，所以也才能自远古流传至今而越盛。至于它的精神效果，那当然是历朝先贤们赋予的，是人的精神意志在第一性茶上的一种寄托，也即先贤们把形而上的道寄托在形而下的茶上了。例如《神农食经》的茶能"悦志"，春秋·晏婴的"以茶为廉"，汉末·华佗的"苦荼久食益意思"，晋·陆纳的茶为"素业"，晋·张载的"芳茶冠六清"等等。中国人是不轻以言道的，但自从唐·陆羽的《茶经》问世以来，中国的茶道就应该说是正式诞生了。所以，在何为"饮"的问题上，陆羽完全是站在精神层面上而言的。浆能解渴，茶也能解渴，但他把解渴的功能让给了浆。酒能助人解忧消愤，茶也能助人解忧消愤，但他仍主张你去喝酒吧！结果最后留给茶的就是"荡昏寐"的茶道之饮。而"夏兴冬废"呢，则明显是为了解渴而饮，说明你并非茶道中人，也即"非饮也"。

第4节 饮茶方法

原文

夫珍鲜馥烈者，其碗数三，次之者，碗数五。若坐客数至五，行三碗。至七，行五碗。若六人已下，不约碗数，但阙一人而已，其隽永补所阙人。

译文

滋味鲜爽、香高、浓烈的茶，通常是头三碗，其次是第四、第五碗。如果坐客为五人，就酌前三碗递上[1]，相互轮流着品尝。如果是七人，那就酌五碗递上，相互轮流着品尝。如果是六人，就仍然不缩减碗数[2]，无非是还缺一人[3]（的量），那就把暂存在熟盂中的隽永[4]回锅复煮补上，然后大家一起轮流着品尝。

释注

1. 原文"行",即"行茶",是递送茶水的意思。例如,唐·白居易《春尽劝客酒》诗:"尝酒留闲客,行茶使小娃。"
2. 原文"不约碗数"。"约"的本意是约束,在此是缩减的意思。
3. 原文"但阙一人而已"。"阙"在这里应作"缺少"解,如《三国演义》中的:"三纲之道,天地之纪,毋乃有阙?"
4. 隽永:即《茶经·五之煮》中加盐调味后的一沸水,当时暂存在熟盂中。

要点解读　**一、陆羽茶道中的单饮和轮饮**

茶道中的饮茶,可以是"单饮",即独自一人的自煮、自酌、自饮,也可以是两人以上的"轮饮",即坐客们轮流着品尝同一碗茶。在坐客两人以上时,为什么可以采取,抑或需要采取轮饮的方法呢? 究其缘由主要有三:①依次舀出的五碗茶,其品味是有差异的。现代科学也证明,茶的呈味物质在茶汤中的溶出速度是不相同的,例如咖啡碱最快,其次是氨基酸类,然后是茶多酚类。关于这一点,陆羽在《经》文中已经讲得很明白了,头三碗最好,珍鲜馥烈,其次是第四、第五碗,所以要大家轮流着品尝。②陆羽时的煮茶还没有公道杯。再说,陆羽将"沫饽"视为精华和美的享受,如果用公道杯,就会把最美最精华的"沫饽"给破坏了。③坐客们都是茶道中人,互为知己,不分彼此,所以也是可以同享同一碗茶的,但这在民间就不太适用了。

二、陆羽式的煮饮方式

文到这里,作为煮茶、饮茶方面的阐述应该是已经告一段落了,看来也应该梳理一下了,其中特别是陆羽式的煮饮方式。为此,现根据本章,同时结合《茶经·四之器》《茶经·五之煮》等相关内容,并以列表形式表达如下:

程序	操作
列器	打开都篮,取出具列,开启门闩,请出诸器。将具列平放,这时的具列已经是一张茶床(即茶道桌)了,然后将一应诸器按规定位置陈列在茶床上。

续表

程序	操作
生火	从炭筥取出适量木炭，用炭檛敲成适当大小，并用火筴将木炭夹入风炉中，然后点火。
炙茶	用小青竹做的夹，夹住饼茶，逼近炉上炭火，不停地翻动，至出现似虾蟆背小突起时，离火五寸处再炙烤，待饼茶重新舒展，又逼近炭火继续炙烤，直至干燥。干燥的标准：烧烤至干的饼茶以冒热气为度；日光晒干的饼茶以变软为度。炙烤好的饼茶要及时放进预先准备好的纸囊里，待完全冷却后付碾。
碾末	把冷却后的饼茶放进碾槽，碾压成碎米状末，然后打开罗合的盖子，用拂末（鸟羽）把茶末掸入罗筛，把合格的茶末筛入盒中，筛面茶重碾后再筛，完后盖上盖子。 末的标准：上等末如细米，下等末如菱角，避免太细，不能碾成碧粉缥尘样。
备水	按煮茶用水要求取足水，用滤水囊过滤，并分装在水方及涤方中备用。
煮水	将茶鍑搁在风炉上，注水200毫升（唐代的一升），当煮到出现如鱼目样的小泡泡并有轻微响声时（一沸），先去除水膜，然后从鹾簋（盐罐）中用揭（小竹片）挑取一点点盐投入水中调味，尝尝看，把尝剩的水倒掉。当煮到鍑边出现连珠般泡泡时（二沸），出水一瓢于熟盂中备用。（以下开始煮茶）
煮茶	继而用竹夹环激汤心，形成一个漩涡，旋即打开罗合，用盒中的"则"酌取一方寸匕（一平方寸匙量）的末茶投进旋涡中，不要忘记重新盖好罗合。稍候，当鍑中茶汤势若奔涛溅沫时，旋即用熟盂中的二沸水止沸，保护好已经育成的沫饽，并移鍑于交床之上，待酌。（注：需要时，酌后茶渣可用熟盂中水再煮一碗。）
酌茶	用瓢将鍑中茶汤酌分五碗。注意动作要轻盈，沫饽要酌分均匀。
饮茶	坐客五人时，就把最珍鲜馥烈的头三碗分别奉上，并依次传递着轮饮；坐客七人时，就把五碗都分别奉上，并依次传递着轮饮；坐客六人时，仍然是先将五碗分别奉上，然后将熟盂中的二沸水（隽永）回鍑再煮一碗奉上，仍然是依次传递着轮饮；如坐客多到十人，则应用两只风炉煮茶。
涤器	用棕毛刷子（札）及涤方中的水，将茶鍑、碗等洗刷干净，茶渣倒入滓方中，然后倒在可以倾倒的地方，复用水洗刷干净。把风炉中的余火倾倒在合适的地方并浇灭。用巾将洗刷干净后的诸器擦干。
收纳	把擦干后的茶碗用纸帊包裹起来并装入白蒲草编织的小蒲包（畚）中，扎紧。依次将涤方套装在水方中，将滓方套装在涤方中，将熟盂放在滓方中。打开具列，将清洁后的诸器依次装进，关门落闩。这时的具列已完成了茶床的功能，又重新变为收纳诸器的贮物柜了。最后是将具列装进都篮里，茶事活动结束。

茶经解读

茶经卷 **下** · 七之事

第1节 涉茶历史人物

原文

三皇：炎帝神农氏。

周：鲁周公旦、齐相晏婴。

汉：仙人丹丘子、黄山君、司马文园令相如、杨执戟雄。

吴：归命侯、韦太傅弘嗣。

晋：惠帝、刘司空琨、琨兄子兖州刺史演、张黄门孟阳、傅司隶咸、江洗马统、孙参军楚、左记室太冲、陆吴兴纳、纳兄子会稽内史俶、谢冠军安石、郭弘农璞、桓扬州温、杜舍人毓、武康小山寺释法瑶、沛国夏侯恺、余姚虞洪、北地傅巽、丹阳弘君举、新安任育长（原注：育长，任赡字，元本遗长字，今增之）、宣城秦精、敦煌单道开、剡县陈务妻、广陵老姥、河内山谦之。

后魏：琅琊王肃。

宋：新安王子鸾、鸾弟豫章王子尚、鲍昭妹令晖、八公山沙门昙济。

齐：世祖武帝。

梁：刘廷尉、陶先生弘景。

皇朝：徐英公勣。

译文

三皇[1]时代：炎帝神农氏。

周代：鲁周公旦[2]、齐国宰相晏婴。

汉代：仙人丹丘子、仙人黄山君[3]、文园令[4]司马相如、执戟[5]杨雄。

三国时代·东吴国：归命侯[6]（孙皓）、太傅[7]韦弘嗣。

晋代：惠帝、司空[8]刘琨、刘琨兄长的儿子（侄子）兖州刺史刘演、黄门侍郎[9]张孟阳、司隶校尉[10]傅咸、太子洗马[11]江统、参军[12]孙楚、记室[13]左太冲、吴兴太守陆纳、陆纳兄长的儿子会稽内史陆俶、冠军将军[14]谢安石、弘农[15]郡太守郭璞、扬州牧[16]（扬州最高行政长官）桓温、中书舍人[17]杜毓、武康小山寺的释法瑶、沛国人[18]夏侯恺、余姚人虞洪、北地人[19]傅巽、丹阳人[20]弘君举、新安人[21]任育长（原注：育长，任赡字，元本遗长字，今增之）、宣城人秦精、敦煌人单道开、剡县人[22]陈务的妻子、广陵人[23]老姥、河内人[24]山谦之。

南北朝·后魏：琅琊[25]人王肃。

南北朝·宋：新安王子鸾[26]、鸾弟豫章王子尚[27]、鲍昭的妹妹鲍令晖、八公山沙门昙济。

南北朝·齐：世祖武帝。

南北朝·梁：刘廷尉[28]、陶弘景先生。

唐代：英国公徐勣。

释注

1. 三皇：即三皇时代（新石器时代），三皇泛指伏羲、神农、黄帝。

2. 鲁周公旦：即周公，姓姬，名旦，周文王之子，周武王的弟弟，因封国于鲁（今山东），故又称鲁周公。

3. 丹丘子与黄山君：传说中汉代的两位仙人，丹丘在天台山，黄山在皖南。

4. 文园令：文园即汉文帝陵园的简称，司马相如曾任管理该陵园的官，即文园令。

5. 执戟：唐代正九品下级官名。

6. 归命侯：封号，即归顺投降的亡国之君。晋武帝太康元年，孙皓降，受封归命侯。

7. 太傅：官名，辅佐皇帝的大臣或老师。

8. 司空：官名，公元315年，刘琨曾任司空，都督并、冀、幽三州军事。

9. 原文"黄门"：官名，黄门侍郎的简称。

10. 原文"司隶"：官名，司隶校尉的简称。

11. 原文"洗马"：官名，太子洗马的简称，太子的侍从官。

12. 参军：官名，参谋军务的官员。

13. 记室：官名，执掌章表、书记、文檄的官员。

14. 原文"冠军"：冠军将军的简称，魏晋时期设有此军职。

15. 弘农：郡县名，即弘农郡，西晋时，在黄河流域，在今三门峡市范围。

16. 扬州牧：牧是刺史一级的官名。扬州牧，即管理扬州的最高官员。

17. 舍人：即中书舍人，西晋初时的官名，是主管起草诏令等的官员。

18. 沛国：今安徽濉溪张集。

19. 北地：今陕西富平县。

20. 丹阳：晋时称曲阿县，唐天宝年时改为丹阳，今属江苏镇江市。

21. 新安：晋时郡名，含今安徽黄山、绩溪县，江西婺源，及浙江淳安、遂安等县市。

22. 剡县：今浙江嵊州市。

23. 广陵：晋时郡名，今江苏淮阴。

24. 河内：古代郡名，在中国古代，以黄河以北为河内，以南、以西为河外。

25. 琅琊：古代郡名，在今山东省东南部。

26. 新安王子鸾：新安，古代郡名，南朝时的辖地相当于今徽州与严州大部。子鸾（456—465），姓刘字孝羽，五岁时受封新安王。

27. 豫章王子尚：豫章，古代郡名，南朝时的豫章大致相当于今江西省北部。子尚（451—465），姓刘字孝师，大明五年（461），受封豫章王。

28. 刘廷尉：即刘孝绰（481—539），字孝绰，文学家，曾任廷尉卿。

> 要点
> 解读
本节共列涉茶历史人物43个，其中11位茶道中人在《茶经·六之饮》的解读中已作过介绍了，故而只补充介绍其余的32位，及其涉茶的那些事。

◎汉·丹丘子：通常，"丹丘"是指传说中神仙的居住之地，所以"丹丘子"也就成了仙家道人的通称，但陆羽笔下的"丹丘子"则是具体的：①是汉代人；②是在"丹丘"修道成仙的人；③是酷爱茶道的人。据吴觉农《茶经述评》："丹丘，在今浙江宁海县南90里，是天台山的支脉。"陆羽至友皎然在《饮茶歌送郑容》中有"丹丘羽人轻玉食，采茶饮之生羽翼。"另在《饮茶歌诮崔石使君》诗中还说："孰知茶道全尔真，唯有丹丘得如此。"

◎汉·黄山君：汉代道人，是传说中居住在黄山的一位地仙，酷爱茶饮，南朝·陶弘景在《杂录》中有"苦茶轻身换骨，昔丹丘子、黄山君服之"的记载。黄山，即今安徽省歙县的黄山，自古盛产茶叶。东晋道学家葛洪的《神仙传》中有"黄山君"条："黄山君者，修彭祖之术，年数百岁，犹有少容。亦治地仙，不取飞升。彭祖既去，乃追论其言，为《彭祖经》。得《彭祖经》者，便为木中之松柏也。"

◎三国·归命侯:"归命侯"即归顺投降的亡国之君,这里是指三国时代·吴国的末代皇帝孙皓(242—284)。孙皓是"以茶代酒"典故中人物,但生性嗜酒、残暴,被晋所灭后归顺投降,公元264年被晋武帝封为归命侯。

◎晋·惠帝:即司马衷(259—307),字正度,晋武帝司马炎的次子,西晋第二位皇帝。司马衷为帝不才,但对茶却十分敬重,被视为国"礼",要在庄重场合中才能受用,并由官吏特献。

◎晋·刘演:刘演(?—320)字始仁,定襄侯刘舆之子,西晋司空刘琨之侄,曾任兖州刺史。刘演善茶,常为其叔置办"真茶"。

◎晋·傅咸:傅咸(239—294)字长虞,西晋文学家,曾任司隶校尉等职。史说傅咸性俭如茶,为官峻整,力主俭朴,说"奢侈之费,甚于天灾"。傅咸曾在他的《司隶教》中谴责不让摆摊卖茶的做法,故与茶有关,说明早在西晋时已有茶市。

◎晋·江统:江统(?—310)字应元,曾任太子洗马。至于江统与茶的关联,主要是任太子洗马时常上疏反对太子司马遹也在东宫设摊卖茶的做法,但同时也说明当时的茶市实际上已相当兴旺了。

◎晋·孙楚:孙楚(?—293)字子荆,西晋文学家,曾任扶风王司马骏的参军。孙楚才藻超群,有不少诗赋、书信传世,其中《出歌》是史上最早的涉茶诗。

◎晋·陆俶:陆纳兄长的儿子,"陆纳杖侄"典故中的人物。

◎晋·郭璞:郭璞(276—324)字景纯,两晋时期著名文学家、训诂学家。郭璞对《尔雅》中"槚,苦茶"的注释是对茶最早的权威性考辨。

◎晋·桓温:桓温(312—373)字元子,东晋权臣,曾操纵废立。但桓温在担任扬州牧期间性俭，宴请时仅以茶果而已。

◎晋·杜毓：杜毓即杜育（？—311），字方叔，有文集二卷传世。陆羽曾分别在《茶经·四之器》《茶经·五之煮》中多次引用杜毓的《荈赋》。《荈赋》全文如下：

"灵山惟岳，奇产所钟，厥生荈草，弥谷被岗。承丰壤之滋润，受甘霖之霄降。月惟初秋，农功少休，结偶同旅，是采是求。水则岷方之注，挹彼清流；器择陶拣，出自东瓯；酌之以匏，取式公刘。惟兹初成，沫成华浮，焕如积雪，烨若春蒙。"

这首《荈赋》是现存最早的专吟茶事的诗赋类作品，虽只有116字，但却将茶的生态、栽培、采摘、煮茶择水、选器以及对茶的品尝、茶汤沫饽的美学享受等全过程都涵盖了。

◎晋·释法瑶：释法瑶（381—？），俗姓杨，东晋至南北朝时的名僧，酷爱茶饮，是现今有确切史料记载的首个僧侣茶人。

◎晋·夏侯恺：夏侯恺（生卒年不详）字万仁，东晋时沛国谯（今安徽亳州）人，曾任大司马，酷爱茶饮，《搜神记》中说他是个死了还要向人间索要茶饮的人。

◎晋·虞洪：虞洪，余姚人，善茶饮，《神异记》一则茶故事中的人物。

◎晋·傅巽：傅巽（生卒年不详），字公悌，汉末三国时的评论家，但陆羽说他是晋朝人，不知为何。傅巽有文集二卷等传世，其中的《七诲》是专门记述名物的，涉茶。

◎晋·弘君举：弘君举（生卒年不详），《食檄》是他的一部宴食专著，涉宴中茶事。

◎晋·任育长：任育长（生卒年不详）名瞻字育长，曾任天门太守等职，善茶。

◎晋·秦精：秦精，晋武帝时人，山野茶农，东晋·陶潜《续搜神记》"武昌山采茶遇毛人指点野生大茶树"故事中的人物。

◎晋·单道开：单道开（生卒年不详），俗姓孟，东晋时僧人，常饮"荼苏"驱眠，疗目疾，寿百余岁。

◎晋·陈务的妻子：剡县（今浙江嵊州市）人，酷爱茶饮，东晋末时的志怪小说集《异苑》"以茶祀坟获好报"故事中的人物。

◎晋·广陵人老姥："老姥"，即老妇人，不知其姓氏，《广陵耆老传》"老姥卖茶济穷人"故事中的神奇人物。

◎晋·山谦之：山谦之（430—470）著有《吴兴记》，中有"温山出御荈"的记载。

◎南北朝·后魏·王肃：王肃（464—501），字恭懿，北魏名臣，好茗饮，也好奶酪，《北魏录》中"茗不堪与酪为奴"一语出自王肃。

◎南北朝·宋·子鸾：即刘子鸾（456—465），酷爱茶饮，南朝宋孝武帝刘骏的第八子，字孝羽，五岁时就被封为襄阳王，后来又改封新安王。

◎南北朝·宋·子尚：即刘子尚（451—465），南朝宋孝武帝刘骏次子，字孝师，孝建三年（456）封为西阳王，大明五年（461）改封豫章王。子尚与子鸾一样，都酷爱茶饮。

◎南北朝·宋·昙济：昙济（？—475），十三岁出家，南朝刘宋时著名高僧，曾作《六家七宗论》。昙济对茶饮很讲究，曾烹茶招待刘子鸾、子尚两位小王爷。

◎南北朝·宋·鲍昭妹令晖：鲍昭即鲍照（414—466）字明远，文学家、诗人。其妹鲍令晖（生卒年不详），是南朝宋、齐两代唯一留下著作的女文学家。其中有《香茗赋集》，可惜已散佚。

◎南北朝·齐·世祖武帝：即南朝齐第一代国君高帝萧道成的长子萧赜。萧赜（440—493）字宣远，是一位帝王佛教徒，同时也是"以茶为祭"的开创者。

◎南北朝·梁·刘廷尉：本名冉，字孝绰（481—539）。刘孝绰尚茶，是把茶饮看得与吃饭同样重要的人，谢晋安王在其落魄时曾送茶等相慰。

◎南北朝·梁·陶弘景：陶弘景（456—536）字通明，道教茅山派创始人。陶弘景尚茶，相信茶能轻身换骨。

◎唐·徐勣：徐勣（594—669）字懋功，唐代政治家、军事家，出将入相，位列三公，开国功臣。高宗时，徐勣奉命主持编撰《新修本草》，并首次将茶单独列条，出现了"槚"这个字，曰："苦槚，茗，味甘、苦，微寒，无毒。主瘘疮，利小便，去疾热渴，令人少睡。春采之。"

第 2 节 三皇时代的茶事记载

《神农食经》："茶茗久服，令人有力，悦志"。

《神农食经》[1]上说："长期饮用[2]茶叶，可使人精力充沛，心志愉悦。"

释注

1. 神农食经：书名。早已失传。
2. 原文"服"，这里是"饮用"或"喝"的意思。如《三国志·方伎传》中的：“作汤二升，先服一升”。

要点
解读 陆羽在《茶经·六之饮》中说："茶之为饮，发乎神农氏"。神农是
华夏远古传说中的人物，是三皇之一，距今已至少有五千多年了，
是故，就有了中华茶文化上下五千年一说。

所谓"三皇"，一是指历史时期，即三皇时代，又称上古时代或远古时代，
约为公元前一万年至公元前3077年之间，其后为五帝时代。二是指人物合称，
是指我国上古传说中三位杰出的部落首领，华夏始祖，被后世尊称为皇，但到
底是哪三皇，史籍上却说法颇多，但通常是泛指燧人氏、伏羲氏、神农氏。

传说中的三皇是率领民众开创了中华上古文明的杰出领袖，其中：燧人氏
的最大贡献是"钻木取火"，是华夏民族人工取火的发明人。伏羲氏的最大贡
献是教人结绳为网，用来捕鸟打猎，并教会了人们渔猎和畜牧的方法。神农氏
的最大贡献是"尝百草"，继而教人农稼和用草药治病。《神农本草经》中载：
"神农尝百草之滋味，水泉之甘苦，令民知所避就。"《本草衍义》载："神农
尝百草，一日遇七十毒，得茶而解之。"还有晋·干宝撰的《搜神记》里则是
"神农鞭百草"，说神农有一条神鞭，一鞭就知有没有毒及性温、性寒。显然这
完全是神话了，不如"尝百草"说可信，也足显原始先民的淳朴，为了天下民
众的生计，不惜以身试毒。《神农本草经》原书早佚，现行本是后世从历代本
草书籍中集辑而成的。但至少在唐代陆羽时还存在《神农食经》一书，在书中
是有茶的记载的，说"茶茗久服，令人有力，悦志"，说明早在五千多年前的
神农时代，先人们已经知道茶的药用价值和饮用价值了。当然，《神农食经》
与《神农本草经》一样，是不可能真正出自神农的，而应该是后人收集各类民
间传说，总结历代医学经验，然后托名神农，是医学和民间传说结合的作品。
至于是何年代何人所撰，学术界也只能设定个大概，说是春秋至秦汉时期。作
者也不只一个，而是前前后后有很多人才是。民间传说虽然不是历史，但也不
能否认传说中就没有历史。21世纪初，在对河姆渡文化田螺山遗址的考古中，
就出土了距今6000多年前的人工种植茶树的遗存，从而用科学事实证明了华夏
民族利用和栽培茶树的悠久历史。当然，不能说这就是当年神农干的，而应该

是远古时期的华夏先人们，在漫长的历史进程中不断地认识自然、利用自然、改造自然的经验结晶，然后归功于"神农"。

第 3 节 周及春秋时期的茶事记载

原文

周公《尔雅》："槚，苦荼"。《广雅》云："荆、巴间采叶作饼，叶老者，饼成以米膏出之。欲煮茗饮，先炙令赤色，捣末，置瓷器中，以汤浇，覆之，用葱、姜、橘子芼之。其饮醒酒，令人不眠。"

《晏子春秋》："婴相齐景公时，食脱粟之饭，炙三戈、五卵、茗菜而已。"

译文

周公的《尔雅》[1]中说："槚就是苦荼"。

《广雅》中说：在荆（湖北西部）巴（四川东部）地区，人们把茶叶采下来做成饼，其中叶老的就用米糊来增加粘性。如欲煮饮时，先要把茶饼炙烤至发红，然后捣成末，投入瓷器中，浇以沸水，加盖闷泡，再加入葱、姜、橘子，再与芼菜调制成羹[2]。这种饮料有醒酒，祛除睡意的功效。

《晏子春秋》中记载："晏婴在任齐景公宰相时，吃的是糙米[3]饭，外加三只烤鸟[4]，五枚鸟蛋，和一碗茶羹[5]。"

释注

1. 周公《尔雅》：《尔雅》是中国最早的词典，托名周公所撰。学术界认为其成书时代不会早于战国，又不会晚于汉初。
2. 原文"芼之"。芼，音máo，指可供食用的野菜或水草。如芼羹：芼菜与肉调成的羹。

3. 原文"脱粟",即糙米,是只去其外壳、不加精制的米。
4. 原文"弋",有的版本为"弋",但从文意上看应该是"弋"而不是"戈"。弋,音yì,意为禽鸟。汉《大戴礼记》中有:"十二月,鸣弋。弋也者,禽也。"
5. 原文"茗菜",即以茶作菜调煮的羹饮。

要点解读

一、关于槚就是茶,茶就是茶

在唐代前,茶还没有它的专用字,只好用"槚""茶""蔎""茗"等来借指。为什么这么说呢?因为这些字的本义都不是茶。例如"槚",《说文》中说"槚,楸也,从木、贾声。"然后在"楸"条中又说:"楸,梓也。"再说"茶",《尔雅·释草第十三》是"茶,苦菜。"本义是田野中多年生菊科草本的嫩叶。而"蔎"呢,则原是古书上说的一种香草,《楚辞》中有"怀椒聊之蔎蔎兮"句。至于"茗",《说文》中说,"茗,草木芽也。"可见其本义也不是仅指"茶"芽而已。那么,单凭《尔雅·释木第十四》的"槚,苦茶。"怎么就能断定是今之茶呢?这是因为,这里的"槚"是列在"释木"栏中的,是木本,所以"苦茶"也应该是木本,这里的"茶"已非《尔雅·释草第十三》中的"苦菜",而是从木的"苦茶",即今之"茶"。还有一说认为,"槚"有"假""古"两种读音,"古"与"茶""苦茶"音近,于是就遂用槚(音古)来借指茶。再有陆羽未曾引用的汉·王褒《僮约》中:"烹茶尽具""武阳买茶"等句,这中间的"茶"就更不是田野里的苦菜了,否则就没有必要"烹茶尽具",更没有必要远到武阳去采购了。

二、关于羹饮的历史

茶的饮用是从药饮开始,然后才逐步发展到羹饮和清饮的。药饮始于神农尝百草的传说,至今已有五千多年历史,如果按河姆渡文化田螺山遗址的考古,则更是有六千年以上的历史了。所谓茶的羹饮,就是把茶煮成五味调和的汤,《孟子·告子上》中说:"一箪食,一豆羹,得之则生,弗得则死。"羹饮最早最直接的文字记载是三国·魏时张揖所撰的《广雅》,是《尔雅》的续篇。《广雅》的记载说明,采茶作饼,然后调煮羹饮,这在三国之前的荆巴地区早已是很普遍的事了。至于能前推到何年代,笔者认为至少可前推至我国的春秋时期（公元前770—前476），因为《晏子春秋》中的所谓"茗菜"应该就是一道以茶作菜的羹饮。不过有研究说，《晏子春秋》中的记载实为"苔菜"，但作为一代圣贤的陆羽总不至于造假吧，故必有其"茗菜"的版本。而且，不管是"茗菜"版对，还是"苔菜"版对，其实都不重要，因为都不能推翻"茗菜"一词在春秋时就已经存在了。

三、关于《广雅》怎么会排录在《晏子春秋》前面

纵观《茶经·七之事》的茶事排序，基本上是以年代先后为序的。《晏子春秋》是记载春秋时期齐国政治家晏婴言行的一部历史典籍。而《尔雅》，则是中国古代的辞书之祖，尽管其真正的成书时间不会早于战国，但毕竟是托名周公之作，所以把它编录在前也当无异议。但《广雅》可是成书于三国时期的一部辞书［作者张揖，三国时的魏国人，魏明帝太和年间（227—232）博士］，可怎么就编录到《晏子春秋》前面去了呢？估摸其因，大概就是因为《广雅》乃是《尔雅》续篇，其体裁及各篇的名称、顺序、说解方式、全书体例，都和《尔雅》相同，之所以取名《广雅》，也就是增广《尔雅》的意思。而且，就陆羽引录《广雅》中的这段记事（茶的羹饮方法）而言，应该是很早之前就有的事，《晏子春秋》中的"茗菜"就是一例，只是《尔雅》中没有收集罢了。

第4节 汉及三国时期的茶事记载

原文

司马相如《凡将篇》："乌啄桔梗芫华，款冬贝母木蘖蒌，芩草芍药桂漏芦，蜚廉雚菌荈诧，白敛白芷菖蒲，芒硝莞椒茱萸。"

《方言》："蜀西南人谓茶曰蔎"。

《吴志·韦曜传》："孙皓每飨宴，坐席无不率以七升为限，虽不尽入口，皆浇灌取尽。曜饮酒不过二升，皓初礼异，密赐茶荈以代酒。"

译文

　　司马相如《凡将篇》[1]中列有一批药名："乌啄、桔梗、芫华、款冬、贝母、木檗、蒌、苓草、芍药、桂、漏芦、蜚廉、藿菌、荈诧[2]、白敛、白芷、菖蒲、芒硝、莞椒、茱萸等。"

　　《方言》[3]中说："四川西南部的人把茶叫做蔎。"

　　《吴志·韦曜传》中记载："孙皓每次设宴，要所有座客都必须饮酒七升，虽不一定完全喝下，但灌也得灌尽。韦曜的酒量不过二升，初时，孙皓对他还格外关照，暗中赐给茶汤代酒。"

释注

1. 《凡将篇》：汉·司马相如著，是汉代的识字教材之一，类同于南北朝时的《千字文》，但已亡佚。

2. 荈诧：荈，音chuǎn，古代茶的称谓之一。诧，音chà，本义为夸耀，但很难理解。有研究认为，荈诧可能是寄生在茶树上的菟丝子，又名茶寄生，是一味中药。

3. 《方言》：全名《輶轩使者绝代语释别国方言》，作者杨雄。《方言》是一部专门记叙我国方言词汇的专著。

要点解读

一、"荈"字始见《凡将篇》

　　关于"荈"这个字，陆羽在《茶经·一之源》的注释中曾引用晋·郭璞的话说：荈是采得较晚的茶。郭璞是东晋时的文学家，曾任弘农（今三门峡市）太守，所以陆羽称他为郭弘农。郭璞对茶史很有研究，故对《尔雅》中"槚，苦荼"这一条目进行了十分重要的注释："树小似栀子，冬生，叶可煮羹饮，今呼早取为荼，晚取为茗，或一曰荈，蜀人名之苦荼。"说明了此中的"苦荼"是形似栀子的常绿树种，其芽叶是可以用来调煮羹饮的，其中采摘得早（嫩）的叫荼，采摘得晚（老）的叫茗，又名荈。郭璞的这一注，是对我国古代茶名最早、最权威性的考辨。但这并不是说"荈"这个字就出于《尔

《雅》注，而是早在西汉时的识字教材《凡将篇》中就有了，要比郭璞的《尔雅》注至少早四个多世纪。

二、以茶代酒的典故

孙皓（242—284）字元宗，三国时孙权之孙，吴国末代皇帝。孙皓在位初期虽施行过明政，但不久便沉溺酒色，专于杀戮，昏庸暴虐。公元280年，吴国被西晋所灭，孙皓投降后被封归命侯，四年后在洛阳去世。孙皓可以说是一个以酒误国的无耻之徒，但却留下了一个"以茶代酒"的典故。史说孙皓好酒，常摆酒宴，要群臣陪酒作乐。而且有一个臭规矩，不管你会不会喝，能不能喝，都必须以七升为限，杯杯见底。群臣中有个人叫韦曜，酒量不过二升，但因是孙皓父亲的老师，所以孙皓对他格外照顾，看他已不能再喝了，就悄悄换上茶，让他"以茶代酒"，免以难堪。但这之后的故事是悲惨的，韦曜生性耿直，他对孙皓酗酒时，辄令侍臣，嘲虐公卿，以为笑乐的作法十分反感，并秉直劝阻，认为长此下去会"外相毁伤，内长尤恨"。但已彻底堕落了的孙皓哪里还听得进去，耿直的韦曜最终还是被他打入天牢处死了。

第5节 魏晋南北朝时期的茶事记载

原文

《晋中兴书》："陆纳为吴兴太守时，卫将军谢安常欲诣纳。（原注：《晋书》云：纳为吏部尚书。）纳兄子俶怪纳无所备，不敢问之，乃私蓄十数人馔。安既至，所设唯茶果而已，俶遂陈盛馔，珍羞必具。及安去，纳杖俶四十，云：'汝既不能光益叔父，奈何秽吾素业？'"

《晋书》："桓温为扬州牧，性俭，每宴饮，唯下七奠柈茶果而已。"

《搜神记》："夏侯恺因疾死，宗人字苟奴，察见鬼神，见恺来收马，并病其妻，著平上帻，单衣，入坐生时西壁大床，就人觅茶饮。"

刘琨《与兄子南兖州刺史演书》云："前得安州干姜一斤，桂一斤，黄芩一斤，皆所须也。吾体中溃闷，常仰真茶，汝可置之。（原注：溃，当作愦。）"

傅咸《司隶教》曰："闻南市有蜀妪作茶粥卖，为廉事打破其器具，后又卖饼于市，而禁茶粥以蜀姥，何哉？"

《神异记》："余姚人虞洪入山采茗，遇一道士，牵三青牛，引洪至瀑布山曰：'吾丹丘子也，闻子善具饮，常思见惠，山中有大茗可以相给，祈子他日有瓯牺之余，乞相遗也。'因立奠祀，后常令家人入山，获大茗焉。"

左思《娇女》诗："吾家有娇女，皎皎颇白皙。小字为纨素，口齿自清历。有姊字惠芳，眉目粲如画。驰骛翔园林，果下皆生摘。贪华风雨中，倏忽数百适。心为茶荈剧，吹嘘对鼎𬬮。"

张孟阳《登成都楼》诗云："借问扬子舍，想见长卿庐。程卓累千金，骄侈拟五侯。门有连骑客，翠带腰吴钩。鼎食随时进，百和妙且殊。披林采秋橘，临江钓春鱼。黑子过龙醢，果馔逾蟹蝑。芳茶冠六清，溢味播九区。人生苟安乐，兹土聊可娱。"

傅巽《七诲》："蒲桃宛柰，齐柿燕栗，峘阳黄梨，巫山朱橘，南中茶子，西极石蜜。"

弘君举《食檄》："寒温既毕，应下霜华之茗。三爵而终，应下诸蔗、木瓜、元李、杨梅、五味、橄榄、悬豹、葵羹各一杯。"

孙楚《歌》："茱萸出芳树颠，鲤鱼出洛水泉。白盐出河东，美豉出鲁渊。姜桂茶荈出巴蜀，椒橘木兰出高山。蓼苏出沟渠，精稗出中田。"

华佗《食论》："苦茶久食益意思。"

壶居士《食忌》："苦茶久食羽化。与韭同食，令人体重。"

郭璞《尔雅》注云："树小似栀子，冬生，叶可煮羹饮，今呼早取为茶，晚取为茗，或一曰荈，蜀人名之苦茶。"

《世说》："任瞻，字育长，少时有令名。自过江失志，既下饮，问人云：'此为茶，为茗？'觉人有怪色，乃自申明云：'向问饮为热为冷耳？'"（原注：下饮为设茶也。）

《续搜神记》："晋武帝时，宣城人秦精，常入武昌山采茗，遇一毛人长丈余，引精至山下，示以丛茗而去。俄而复还，乃探怀中橘以遗精，精怖，负茗而归。"

《晋四王起事》："惠帝蒙尘，还洛阳，黄门以瓦盂盛茶上至尊。"

《异苑》："剡县陈务妻少，与二子寡居，好饮茶茗。以宅中有古冢，每饮，辄先祀之。二子患之曰：'古冢何知？徒以劳。'意欲掘去之，母苦禁而止。其夜，梦一人云：'吾止此冢三百余年，卿二子恒欲见毁，赖相保护，又享吾佳茗，虽潜壤朽骨，岂忘翳桑之报。'及晓，于庭中获钱十万，似久埋者，但贯新耳。母告二子，惭之，从是祷馈愈甚。"

《广陵耆老传》："晋元帝时，有老姥每旦独提一器茗，往市鬻之，市人竞买，自旦至夕，其器不减，所得钱散路傍孤贫乞人。人或异之，州法曹絷之狱中。至夜，老姥执所鬻茗器，从狱牖中飞出。"

《艺术传》："敦煌人单道开，不畏寒暑，常服小石子，所服药有松、桂、蜜之气，所饮茶苏而已。"

释道说《续名僧传》："宋释法瑶，姓杨氏，河东人，永嘉（吴觉农《茶经述评》：应为"元嘉"）中过江，遇沈台真，请真君武康小山寺。年垂悬车（原注：悬车，喻日入之候，指人垂老时也。《淮南子》曰："日至悲泉，爱惜其马"，也此意也），饭所饮茶。永明（吴觉农《茶经述评》：应为"大明"。）中，敕吴兴礼致上京，年七十九。"

宋·《江氏家传》："江统，字应元，迁愍怀太子洗马，尝上疏谏云：'今西园卖醯、面、蓝子、菜、茶之属，亏败国体。'"

《宋录》："新安王子鸾、鸾弟豫章王子尚，诣昙济道人于八公山，道人设茶茗，子尚味之曰：'此甘露也，何言茶茗。'"

王微《杂诗》："寂寂掩高阁，寥寥空广厦。待君竟不归，收颜今就槚。"

鲍昭妹令晖著《香茗赋》。

南齐·世祖武皇帝遗诏："我灵座上，慎勿以牲为祭，但设饼果、茶饮、干饭、酒脯而已。"

梁·刘孝绰《谢晋安王饷米等启》："传诏，李孟孙宣教旨，垂赐米、酒、瓜、笋、菹、脯、酢、茗八种，气苾新城，味芳云松。江潭抽节，迈昌荇之珍。疆场擢翘，越葺精之美。羞非纯束野麕，裛似雪之鲈。鲊异陶瓶河鲤，操如琼之粲。茗同食粲，酢颜望柑。免千里宿舂，省三月粮聚。小人怀惠，大懿难忘。"

陶弘景《杂录》："苦茶轻身换骨，昔丹丘子、黄山君服之。"

《后魏录》："琅琊王肃仕南朝，好茗饮、莼羹。及还北地，又好羊肉、酪浆。人或问之：'茗何如酪？'肃曰：'茗不堪与酪为奴。'"

《桐君录》："西阳、武昌、庐江、晋陵好茗，皆东人作清茗。茗有饽，饮之宜人。凡可饮之物，皆多取其叶。天门冬、菝葜取根，皆益人。又巴东别有真茗茶，煎饮令人不眠。俗中多煮檀叶，并大皂李作茶，并冷。又南方有瓜芦木，亦似茗，至苦涩，取为屑茶饮，亦可通夜不眠，煮盐人但资此饮，而交、广最重，客来先设，乃加以香芝辈。"

译文

《晋中兴书》中记载："陆纳任吴兴太守时，卫将军谢安常想登门拜访他。（原注译：《晋书》说，当时陆纳是在吏部尚书任上。）陆纳的侄子陆俶埋怨叔父无所准备，但又不敢问及，于是私下里准备了十几人的菜肴。谢安来了，陆纳果然只拿出一些茶果来招待，于是陆俶就摆出了预先准备好的丰盛佳馔，珍奇名贵食物一应俱全。客人走后，陆纳就打了陆俶四十大杖，并说：'你不能为叔父增点光，做点有益的事倒也罢了，为什么还要沾污我清白的操守[1]！'"

《晋书》中记载："桓温任扬州牧时，秉性节俭，每次客宴中，只上七盘子[2]茶果。"

《搜神记》中说："夏侯恺因病死亡，他的族中人，有个叫做苟奴的，能够看见鬼神，他看到夏侯恺来收取生前的爱马，并使他的妻子也生了病，还看到他裹着武官头巾[3]，穿着单衣，坐在生前的西壁大床上，向人要茶喝。"

刘琨在《给侄子南兖州刺史刘演的家书》中说："前收到你寄来的安州干姜一斤、肉桂一斤、黄芩一斤，都是我所需要的。（近来）我的身体常感心乱气闷，仰望有好的真茶[4]，望你置办。（原注译：文中的'溃'，应当是'愦'。）"

傅咸在《司隶教》中说："听说南市上有件令人困惑的事，一个四川老妇人做茶粥卖，结果被市场官员打破器具，后来她就在市上卖饼，但仍然禁卖茶粥，这究竟是为什么呢？"

《神异记》中说："余姚人虞洪，有一次上山采茶，遇见一道士，牵着三头青牛，道士把虞洪带引到瀑布山，并对他说：'我是丹丘子，听说你善于烹煮茗饮，常想得到你的赏赐，这山里有大茶树供你采摘，希望你他日烹煮茗饮[5]时相邀一声喔！'于是虞洪就在此处立了块碑，以示祭祀，后来也常带家人进山采摘大茶树上的茶叶。"

左思的《娇女》诗（大意）："我家有娇女，体肤皎又白。小女字纨素，口齿特伶俐。她姐字蕙芳，眉目美如画。乱窜果林中，乱摘生青果。爱花如着迷，那管风和雨。为催茶快沸，急吹炉中火。"

张孟阳的《登成都楼》诗（大意）："当年杨雄的旧居在哪里啊！还有司马相如的故居呢？只见千金豪富的程、卓两家啊，简直骄横奢侈得如同王公侯爷。门前宾客如梭，都是些腰佩吴钩宝刀的名臣显贵。鼎中美食都是时鲜的，而且都是百味调和得妙绝了的。看来我还是去林中摘秋橘，江边钓春鱼去吧！长江中的黑子鱼不一定比海鲜差，这样的果品与菜肴其实比蟹酱味道更好。特别是这里的茶呀，是宫廷中六大名贵饮料[6]也无法媲美的，而且是名闻九州[7]的喔！所以啊！单就人生安乐而言，四川这个地方还是很不错的。"

傅巽在他的《七诲》中赞道（大意）："宛国的苹果蒲地的桃，山东的柿子燕地的栗。峘阳出黄梨，巫山出朱橘。南中产茶子[8]，天竺产石蜜。"

弘君举在《食檄》[9]一文中说："客来寒暄以后，就该敬上沫饽如霜花般灿烂的茶饮了。茶过三碗，应接着敬上用甘蔗、木瓜、元李、杨梅、五味子、橄榄、悬瓠、冬葵调制的美羹各一杯。"

孙楚在他的《歌》[10]中说（大意）："茱萸出在芳树上，鲤鱼出自洛水泉。白盐出自黄河东，美味豆豉出山东。姜桂茶荈出巴蜀，椒橘木兰出高山。蓼苏出沟渠，精稗出中原。"

华佗在《食论》[11]中说："长期饮茶，有益于增进思维能力。"

壶居士在《食忌》[12]中说："长期饮，能成仙（或理解为能使人肢体轻健），但如果和韭菜同食，则会导致体态沉重。"

郭璞在《尔雅》（卷九·释木·"槚，苦茶"条）中注道："树小如栀子，常绿，芽叶可调煮羹饮，而今人们把早采的（嫩叶）叫做茶，晚采的（成熟叶）叫做茗，或叫做荈，四川人则名之为苦茶。"

《世说》[13]中记载："任瞻，字育长，少年时颇有名望，过江南迁之后精神恍惚。（在先期过江的同僚们）为他设宴上茶接风的时候问道：'这是茶？还是茗？'当他发现大家对此问题感到怪异时，就改口说：'我刚才问的是，这茶是热的还是冷的。'"

《续搜神记》中记载："晋武帝时，有个宣城人叫秦精，常到武昌山采茶，有一次遇到了一个身高一丈多的毛人，把他引到山下，指看那山中的丛丛茶树，随即就离开了。过了一会儿，这个毛人又回来了，从怀里取出橘子送给他。他很害怕，便背着茶叶回家了。"

《晋四王起事》中记载："惠帝因蒙受耻辱被迫出宫，后来复位返回洛阳时，宫中侍奉皇帝的黄门侍郎用瓦盂盛茶奉敬惠帝，迎接至尊的归位。"

《异苑》中有则故事说:"剡县人陈务的妻子,年轻时就守寡,和两个儿子住在一起。她很喜欢喝茶,她家院落里有座古墓,她每次喝茶总是先用茶祭墓,两个儿子很讨厌她的这种做法,说:'古墓会知道什么,何必徒劳!'并要把古墓掘掉,后经其母苦苦劝阻方才作罢。结果就在这天晚上,她梦见一个人对她说:'我在这古墓里已有三百多年了,你的两个儿子一直想把我的墓掘掉,幸亏有你的保护,还天天给我好茶享用,我虽是深埋在地下的一具朽骨,但翳桑[14]之恩怎敢不报呢!'天亮后,她发现在院子里放着十万铜钱,好像是久埋地下的,但穿钱的绳子却是新的。母亲把这件事告诉两个儿子,两个儿子因此深感惭愧,从此以后,就祭奠得更加虔诚了。"

《广陵耆老传》中有个故事:"晋元帝时,有个老妇人每天早晨都提着茶水到集市上去卖,人们争相购买,但从早到晚,她那个器皿里的茶却始终不见减少,而卖茶所得的钱都散给了路旁的孤儿、穷人及乞丐。因此有人感到不可思议,于是就被州里的司法官抓进了监狱。但到了夜里,这个老妇人却提着卖茶的器皿,从监狱的窗口飞走了。"

《艺术传》[15]中记载:"有个叫单道开的敦煌人,不怕严寒也不怕酷暑,平时常吃小石子,他所服的药,都有松脂、肉桂和蜂蜜的气味,其余就只饮茶[16]罢了。"

释道说[17]《续名僧传》中记载:"南朝·宋时的僧人释法瑶,俗姓杨,河东人。晋代永嘉中(据吴觉农考证应为"元嘉中",约为公元438年)到江南,遇见沈台真,请他到武康的小山寺。这时法瑶已年届悬车(原注译:悬车,即日薄西山,指人已经是垂老之年),但仍然是每饭有茶。永明中(据吴觉农考证应为"大明六年",即公元462年)时,宋孝武帝下旨吴兴地方官礼请释法瑶上京,那时他已经是七十九岁的人了。"

南朝·宋《江氏家传》中记载:"江统,字应元,在任晋朝愍怀太子洗马时,曾上书直言规劝:'现今西园在卖醋、面、蓝子、菜和茶叶一类东西,实在是有损国家体统。'"

南朝《宋录》中记载:"新安王刘子鸾、豫章王刘子尚,同往八公山拜访昙济道人,道人以茶茗招待,刘子尚在品味茶汤后说:'这是甘露呀,怎么说是茶呢!'"

王微所作的《杂诗》(大意):"关了门的高楼是一片静寂啊,只留下这空荡荡的高楼广厦。夫君啊您竟然永不归来,我只得强收泪颜独饮苦茶[18]。"

鲍昭妹妹鲍令晖的著作:《香茗赋》[19]。

南朝·齐·世祖武皇帝在他的遗诏里说:"我的灵前千万不要用牲畜来祭祀,

只要供上糕饼、水果、茶、饭、酒和果脯就可以了。"

南朝·梁·刘孝绰在给晋安王的《谢启》中说："李孟孙宣读了您的教旨，承恩王爷赏赐给臣的米、酒、瓜、笋、腌菜、鱼脯、醋、茶等八种食品。您赏赐的酒啊，馨香醇厚……您赏赐的茶啊，对于臣来说就如同吃饭一样重要……"

陶弘景在《杂录》中说："喝茶能使人轻身换骨，从前的丹丘子和黄山君都是饮茶人。"

《后魏录》中有记载说："琅琊人王肃在南朝做官时，喜欢饮茶和喝莼菜羹。后来回到北方，又喜欢上羊肉和奶酪。于是就有人问他：'茶与奶酪比怎样呢？'王肃回答说：'茶怎肯在奶酪之下为奴呢！'"

《桐君录》[20]中记载："西阳[21]、武昌、庐江[22]、晋陵[23]一带，都喜欢饮茶，客来，都由主人奉敬清茶招待。茶有沫饽，有益于人体健康。凡是可饮用的植物，大多都用它的叶子，但天门冬和菝葜是采用根的，都对人体有益。巴东地区有一种特别的真茶，煎饮后能使人不打瞌睡。民间还有用檀叶和大皂李煮汤当作茶喝的，并都为冷饮。此外，南方还有一种叫瓜芦木的，很像茶，味道极苦涩，把它搞碎煮汤当茶喝，也可使人通夜不瞌睡，煮盐的人就依靠喝这种饮料通晓达旦，特别是交州、广州一带的人最喜欢，凡客人来，都先敬上这种饮料，烹调时还要加些香料一类的东西。"

释注

1. 原文"素业"。素业是古代多义词：清白的操守；先祖所遗之业；犹本业等。但这里显然是"清白的操守"之意。

2. 原文"奠杅"。这里的"奠"是放置、存放的意思，而"杅"则通"盘"。

3. 原文"平上帻"。平上帻是指魏、晋时武官所戴的头巾。

4. 真茶：即本义上的茶，不是非茶之茶。当然真正的原文应该是"眞茶"。

5. 原文"瓯牺之余"。"瓯"是茶碗，"牺"是酌茶汤的木杓，"瓯牺"在这里是代指煮茶的意思。

6. 六清：即古代宫廷膳夫特制的六种名贵饮料。

7. 九区：即九州，古代中国的代称。

8. 南中茶子：据《中国茶叶大辞典》，南中是中国早期产茶区域之一，辖区相当今四川大渡河以南及云南、贵州的一部分。茶子是当时饼状或块状的一类紧压茶。

9. 《食檄》：檄，即檄文，指晓谕或声讨类的文书。而《食檄》里的"檄"显然是晓谕的意思，是举办某次宴会时，晓谕执事方该如何运作的公文。

10. 《歌》：即《出歌》，作者孙楚（约218—293），西晋文学家。《出歌》是古代第一首涉茶的诗歌。

11. 华佗《食论》：不可能是华佗所著，华佗是东汉名医，不然的话应列在《吴志·韦曜传》之前，故疑为后人所著，托名华佗。

12. 壶居士《食忌》：同上理，疑为后人所著，托名壶居士。壶居士是东汉人物，传说中的道教真人。

13. 《世说》：即《世说新语》，南朝·宋时临川王刘义庆撰，是记述汉末至东晋时风流事物的书籍。

14. 翳桑：是个地名，有个成语典故叫"翳桑之报"。说是春秋时晋人赵盾，在翳桑救了将要饿死的灵辄。后来赵盾遭晋灵公追杀，这时身为晋灵公甲士的灵辄毅然倒戈相救，以报当年翳桑之恩。

15. 《艺术传》：是《晋书·列传·艺术》的缩写。

16. 原文"茶苏"。《晋书》中应是"茶苏"，应该是"茶"的美称。

17. 释道说：据吴觉农《茶经述评》考证，应为"释道悦"。

18. 原文"槚"：《尔雅》："槚，苦茶"。

19. 《香茗赋》：南朝女诗人鲍令晖著。鲍令晖（生卒年不详）是著名文学家鲍昭之妹。但《香茗赋》早已散佚，《茶经》中也只有其名。

20. 《桐君录》：桐君是华夏远古时期的医药鼻祖，传说是黄帝的大臣。但《桐君录》显然是后人托名桐君的作品，作者佚名无考。

21. 西阳：晋时郡名。南朝宋时的辖境相当今湖北倒水以东、长江以北和蕲水以西地区。北周时辖境缩小，相当于今湖北黄冈县。

22. 庐江：古代郡名。辖地相当于今安徽铜陵、池州市，江西九江、景德镇、上饶等市。

23. 晋陵：晋时郡名。辖地相当于今江苏常州、无锡、镇江三市及丹阳、金坛、江阴、武进、无锡等县。

要点解读 中国茶及茶文化自"茶之为饮，发呼神农氏"后，历经数千年的孕育，到了魏晋南北朝开始进入一个大发展的初期，茶的历史记载也明显地多了起来。《茶经·七之事》共录入茶事四十八则，其中魏晋南北朝时期就占了三十则。解读这些记载，我们至少可以从中得出如下印象：

一、茶叶的生产、贸易均已初具规模

西晋·杜毓《荈赋》载："灵山惟岳，奇产所钟，厥生荈草，弥谷被岗。"说明当时南方茶园的规模已相当可观，诗人杜毓是用"弥谷被岗"来形容的。范围已涉及苏、皖、赣、鄂、湘、桂、粤、贵、闽、浙的东南半壁河山。其中重点产区是"南中"，傅巽《七诲》中有"南中茶子"的记载。所谓"南中"，其辖区相当于今四川大渡河以南及云南、贵州的一部分。茶子是当时饼状或块状的一类紧压茶。对此，西晋·孙楚的《出歌》也有"茶荈出巴蜀"的诗句。张孟阳在《登成都楼》诗中用"芳茶冠六清，溢味播九区"来形容这一产区的茶叶，说明成都一带的茶不仅品质好，而且已经成为当时中国（九区）茶叶生产和贸易的集散中心。这一时期的茶叶贸易应该是已经很兴旺的，如南朝·宋《江氏家传》中记载，时任晋朝愍怀太子洗马的江统曾上书直言规劝说："今西园卖……茶之属，亏败国体。"意思是说，现今连宫廷里也做起茶叶生意来了，真是有损国体形象。但这也从另一个侧面证明了当时茶叶贸易的兴旺。此外，涉及这一时期茶叶贸易的还有两则，其中一则是西晋·傅咸《司隶教》中的记载，大意是说官府禁止一个四川老太太卖茶粥，这事令傅咸大惑不解。再有一则是《广陵耆老传》中的神话故事，是讲一个神奇老太卖茶饮济贫的。这两则记载都说明，当时的茶叶买卖已经多元化了，不仅有兴旺的茶叶贸易，而且还有沿街叫卖茶饮、茶粥等的小本买卖。

二、尚茶之风已波及社会各阶层

魏晋南北朝时期，随着茶叶生产和贸易的发展，饮茶有益健康也越来越被人们所认识，以致从宫廷贵族、文人雅士、僧侣道人到普通百姓都出现尚茶的现象。《茶经·七之事》中光这方面的记述就有16例之多。其中：

言饮茶有益健康的7例：①《桐君录》："茗有饽，饮之宜人。"这大概就是古人为什么特别注重茶汤沫饽的原因吧。《桐君录》中还说："巴东别有真茗茶，煎饮令人不眠。"这是说茶有提振精神，驱除睡意的作用。②刘琨《与兄子南兖州史演书》："吾体中溃闷，常仰真茶。"这是讲茶有提神解闷的功效。③华佗《食论》："苦茶久食益意思。"这是说茶有增进思维能力的作用。④壶居士《食忌》："苦茶久食羽化。"这是说常常喝茶能羽化成仙，当然这仅是道家之言，正确的理解应该是能轻身健体。⑤《艺术传》："敦煌人单道开，不畏寒暑，常服小石子。所服药有……所余茶苏而已。"但这则记载陆羽没有引全，其后还有"自云能疗目疾，就疗者颇验。视其行动，状若有神。"这里的"茶苏"是茶的意思，是说茶有明目和强身健体的功效。有研究说，"茶苏"其实就是"屠苏"，是酒，但这里明显是指茶，至今还没听说酒能明目的。⑥陶弘景《杂录》："苦茶轻身换骨，昔丹丘子、黄山君服之。"这和壶居士《食忌》中的说法是类似的，应理解为轻身健体比较合理。⑦释道说（应为"悦"）《续名僧传》："宋释法瑶……年垂悬车，饭所饮茶。永明中，敕吴兴礼致上京，年七十九。"这则传记是说释法瑶是个健康长寿老人，七十九岁时宋孝武帝还曾下旨吴兴郡礼请他上京，而健康长寿的原因之一就是"年垂悬车，饭所饮茶"，即人到暮年还坚持每餐都有茶。当然吃饭时饮茶是不合理的，所以这里的"饮茶"当理解为"羹饮"之茶比较合理，是当成一道菜的。

言尚茶成风的9例：①《世说》："任瞻，字育长，少时有令名。自过江失志，既下饮……"这则记事是说任育长随晋室南渡时，刚上岸就坐，迎候他的人就首先奉上茶来。这说明早在东晋时期，"客来敬茶"至少在建康（今南京）和三吴地区已是俗定的待客之道。②弘君举《食檄》："寒温既毕，应下霜华之茗……"这则记载也是讲待客之道的，是说贵客驾到，在一番寒暄之后，首先就应献上一碗沫饽如霜华般的好茶。同样，这种"客来敬茶"的习俗在《桐君录》也有记载："西阳、武昌、庐江、晋陵好茗，皆东人作清茗。"这是说不仅仅是要"客来敬茶"，而且要由主人亲自烹煮才更显礼数。此中的西阳，是晋时郡名，辖境相当于今湖北倒水以东、长江以北和蕲水以西地区；武昌在武汉市东南部；庐江是古代郡名，辖地相当于今安徽省铜陵、池州市，江西九江、景德镇、上饶等市；晋陵是晋代郡名，辖地相当于今江苏省常州、无锡、镇江三市及丹阳、金坛、江阴、武进、无锡等县，可见这是一个相当大的地域，也是两晋南北朝时期重要的茶产区之一。③《搜神记》："夏侯恺因疾死，宗人字苟奴，察见鬼神，见恺来收马……就人觅茶饮。"这是一则鬼怪故事，人死了怎么还会讨茶喝，但也说明夏侯恺生前尚茶的程度。④《神异记》中记载了丹丘子向余姚人虞洪讨茶喝的话说："吾丹丘子也，闻子善具饮，常思见惠……祈子他日有瓯牺之余，乞相遗也。"这是道士尚茶的记载，当然这并不是讨点茶喝而已，而是要与虞洪结为茶友，原因是因为虞洪善于烹茶，而且也是修道中人。⑤左思在《娇女》诗中写道："……心为茶荈剧，吹嘘对鼎𬭊。"意思是说两个小女孩为催茶汤快沸，于是就对着炉门使劲地吹呀吹。说明由于诗人左思尚茶，两个小女儿也受熏陶爱上茶了。⑥《宋录》："新安王子鸾、豫章王子尚，诣昙济道人于八公山，道人设茶茗，子尚味之曰：'此甘露也，何言茶茗。'"这也是一则小孩子也尚茶的记载，当时子鸾只有六七岁，子尚也不过十岁左右，估摸昙济道人是因为两位小王爷年纪尚少，所以把茶烹调得特别淡，哪知子尚虽然年少，但已经是个道儿很老的尚茶人了，嫌茶淡，故而有"此甘露（甘美的露水）也，何言茶茗"之说。⑦梁·刘孝绰《谢晋安王饷米等启》中有："茗同食粲"一语，说明刘孝绰是一个把茶饮看作与吃饭同等重要的尚茶之人。⑧《后魏录》记载说：琅琊人王肃在南方为官时尚茶，后来回到北方又好奶酪，于是有人问他："茗何如酪？"王肃则回答道："茗不堪与酪为奴。"意思是说茶怎能在奶酪之下呢！说明王肃认为茶比奶酪要更胜一筹。⑨《续搜神记》："晋武帝时，宣城人秦精，常入武昌山采茗，遇一毛人长丈余，引精至山下，示以丛茗而去。俄而复还，乃探怀中橘以遗精，精怖，负茗而归。"看来，连山中野人也知道人间尚茶。当然，是否真有其事是值得研究的，但道理应是如此。

三、茶以性俭的君子形象开始融入礼仪和文化生活

陆羽说茶是"嘉木"，意即茶是"善"的化身。还说"为饮，最宜精行俭德之人"，为什么呢？因为"茶性俭"。从《茶经·七之事》中我们可以看出，先人对茶的这种文化特性的认同似乎在春秋时代就已经萌芽了，如《晏子春秋》中晏婴以茶为廉的记载，但毕竟总还有点朦朦胧胧的感觉。研究认为，把茶作为"性俭"的君子形象进入人们的精神生活，应该是萌芽于魏晋南北朝时期，而且这是与魏晋时期特殊的历史背景有着因果关系的。魏晋南北朝是一个城头变幻大王旗，战乱频起，朝政腐败，奢靡纵欲之风盛行的动乱时代。但也正是由于这个原因，这个时期却又是一个文化思潮异常活跃，儒、佛、道家及

玄学家、清谈家相互交融碰撞的时期。在这个阶层中是不乏有识之士的，他们对当时的社会乱象痛心疾首，呼吁社会要崇尚"俭德"，但又无力回天，故而他们中的许多人都只得选择以茶为友，清谈阔论，寄情山水。也正因为他们都普遍爱茶，于是茶也就渐而渐之成了崇尚"性俭"一族的标志性雅饮，并逐渐融入到社会上层、人间礼仪和文化生活中去了。《茶经·七之事》中能说明这种现象的记述不少，其中主要的有以下9则：

《晋中兴书》中"陆纳杖侄"的典故。陆纳是三国时名将陆逊的后代，在东晋时曾历任太守、吏部尚书、仆射、散骑常侍和尚书令等要职。陆纳为政清廉，生活俭朴，是一个以俭德著称的人，史上有"恪勤贞固，始终勿渝"的口碑。故事是说陆纳在京任吏部尚书时，卫将军谢安因仰慕他的人品要上门拜访。谢安即"东山再起"典故中的人物，也以清淡著名，东山再起后，因挫败桓温篡位，又在淝水之战中，以八万兵力打败了号称百万的前秦军队，为东晋赢得了几十年的安定，故而一时间是功高盖世。但明知谢安权位的陆纳却不想破例，倒是他的侄子，听说宰相级的官要大驾光临，认为是千载难逢的好机会，但因深知叔叔为人，于是就私下里偷偷地作了准备。谢安来了，陆纳果真同往常一样，只有清茶一碗和一些水果，于是他侄儿就把预先准备好的佳肴奉上席来，山珍海味，应有尽有。对此，陆纳自然极为恼火，等送走谢安后就命人将这个侄子痛打了四十大杖，并痛斥道："汝既不能光益叔父，奈何秽吾素业？"此语中的"素业"一词，意为"清白的操守"。茶乃清苦淡雅之物，故而陆纳用清茶一杯来代表清廉、俭朴的操守，这也就是所谓"茶为素业"的由来。

《晋书》中关于"桓温为扬州牧，性俭，每宴饮，唯下七奠柈茶果而已"的记载。该则记载中桓温，即前面"东山再起"典故中的那个桓温，但这是后来的事，在他还在扬州担任行政长官时还是恪守"俭德"的，所以《晋书》中仍以"性俭"评价之。桓温在生活上也奉行节俭，凡他举办的宴请活动都只有七盘茶果而已，但其中的茶作为席中雅饮还是少不了的，看来这在当时的官场中可能已成惯例，而不管真是以茶示俭也好，还是附庸风雅也罢。

张孟阳的《登成都楼》，这应该是史上最早的涉茶诗。全诗有三十二句，陆羽所摘引的是该诗的后十六句："借问扬子舍，想见长卿庐。程卓累千金，骄侈拟五侯。门有连骑客，翠带腰吴钩。鼎食随时进，百和妙且殊。披林采秋橘，临江钓春鱼。黑子过龙醢，果馔逾蟹蝑。芳茶冠六清，溢味播九区。人生苟安乐，兹土聊可娱。"诗的作者张载字孟阳，西晋著名文学家，《晋书·张载传》有"载性闲雅，博学有文章"的赞誉。诗中的扬子即西汉文学家、哲学家杨雄。长卿即西汉司马相如，中国古代文学史上最著名的辞赋家。杨雄和司马相如都是成都人，而且都性俭尚茶。该诗由物及人，层层铺叙，凭借缅怀两位先贤，采用强烈对比的笔法，隐喻对程、卓等地方权豪骄纵奢侈的不屑，抒发对先贤清风雅趣的赞美。该诗以"芳茶冠六清，溢味播九区"句结尾，其意是说成都的茶是宫中的六大名贵饮料也无法与之媲美的，而且是已经名闻九州了。但更重要的，还是作者在借茶自勉，即在到处弥漫着奢靡之风的当下，君子应品味如茶，德播九州。

《晋四王起事》中关于皇家茶礼的记载，说的是晋惠帝与茶的故事。惠帝即西晋第二任皇帝司马衷（259—307），但他为人痴呆不任事，在八王之乱中，被其叔赵王司马伦篡夺了帝位，并被逼出宫。结果其他的王又不干了，在一场内斗以后，于永康二年（301），赵王司马伦又被逼下"诏"迎惠帝复位，这就是《晋四王起事》中所谓"惠帝蒙尘，还洛阳，黄门以瓦盂盛茶上至尊"的由来。《晋四王起事》为东晋人卢綝所著，原书早佚无考，但宋代《太平御览》对此还留有所引："惠帝还洛阳，道中有老公蒸鸡素木盘中，盛以奉帝。""成都王颖，奉惠帝还洛阳道中，于客舍作食。宫人持斗余粳米饭以供至尊。大蒜，盐豉，到获嘉市粗米饭，瓦盂盛之。天子啖两盂，燥蒜数株，盐豉而已。"说明惠帝吃饭、鸡、大蒜、盐豉等时，都可在一般场合中进行，但惟奉茶之仪独显庄重。由此可见，至少在西晋时，茶已不仅仅是一种饮料而已，而是已上升到"礼"的高度了，并且还有一套独特的"礼制定式"。

《异苑》中以茶祭墓获报的故事。故事说：剡县陈务的妻子年少时就带着两个儿子寡居，她很喜欢喝茶。她家院落中有座古墓，每次饮茶时，她总是首先以茶祭墓。两个儿子对此很反对，并动手要把古墓掘掉，经母苦苦劝阻才得以保留。结果神奇的故事发生了，就在这天夜里，其母梦见一个人对他说："吾止此冢三百余年，卿二子恒欲见毁，赖相保护，又享吾佳茗，虽潜壤朽骨，岂忘翳桑之报。"天亮后到院中一看，竟然出现了十万铜钱。当然，这仅仅是一则故事而已，而且也是不可能的，但至少说明，"以茶为祭"在当时已经是一种民间风俗。

南齐·世祖武皇帝遗诏。陆羽的这则摘录应该是录自《南齐书·武帝本纪》，如果录全的话，应该是："我灵座上，慎勿以牲为祭，但设饼果、茶饮、干饭、酒脯而已。天下贵贱，咸同此制。"所以，如果说《异苑》中的"以茶为祭"还纯属民间风俗的话，那南齐·武帝遗诏中要求的以茶为祭则可是诏告天下的，而且要求"天下贵贱，咸同此制。"同时这也是现存正史中关于"以茶为祭"最早的文字记载。

《广陵耆老传》中老姥卖茶济贫的故事。说的是晋元帝时，有个老婆婆每天都提着一个器皿卖茶，人们竞相购买，但从早到晚老婆婆器中的茶总不见少，所得钱全都接济路旁贫苦人。这件事很怪，于是就被官府绑在狱中，但到了晚上，老婆婆却从监狱的窗子中飞走了。当然，这也是故事而已，但却反映了当时人们的愿望，茶是善的，老婆婆卖茶济贫也是善举，是神灵都会保佑的。

王微《杂诗》中的烈女以茶为寄托守寡的诗句，即《杂诗二首》。陆羽录入的是该诗"其一"中的最末四句："寂寂掩高阁，寥寥空广厦。待君竟不归，收颜今就槚。"全诗很长，是描写一个丈夫阵亡的烈女，在日日盼君不见君，最后一线希望破灭后，就只得"收颜今就槚"了。从此，茶就成了她守寡生活中的一种精神寄托，终身以茶为伴，以茶为友。由此看来，把茶作为一种超然之味，并从中领略人生的饮茶之道是古来有之，王微的《杂诗》就是一例。

鲍昭妹令晖著《香茗赋》。鲍令晖是南朝·宋、齐两代唯一留下著作的著名女诗人，曾有《香茗赋集》《拟青青河畔草》《客从远方来》《古意赠今人》《代葛沙门妻郭小玉诗》等传世，但《香茗赋集》今已散佚，而且是全《集》散失，连陆羽也只录有其名。在中国茶文化的发展史中，茶诗的出现，也可说是一个重要的里程碑，标志着茶已真正地融入古代文人墨客的精神生活。中国古代流传下来的茶诗数以千计，但究竟始于何时，则有不同说法。有说是始于

《诗经》，但《诗经》中的"茶"与茶到底扯不扯得上，则还待研究。至于其后的秦、汉、三国，虽长达数百年，但在汉代的《乐府》、汉赋及文人五言诗中均无茶诗，直到魏晋南北朝才始见有涉茶的诗词类作品，据《茶经》中提及的共有六例，分别是：张载《登成都楼诗》、孙楚《出歌》、左思《娇女诗》、杜毓《荈赋》、王微《杂诗》及鲍令晖的《香茗赋》。但以上六例茶诗词类作品中，真正专题咏茶的是杜毓的《荈赋》和鲍令晖的《香茗赋》，只可惜《香茗赋》已经失传了。

当然，唐代前还没有茶这个字，所以出现在诗赋中的是荼、槚、荈、茗等代茶之字。对此，东晋郭璞对《尔雅》卷九《释木》中的"槚"作了最权威的注释："树小似栀子，冬生，叶可煮作羹饮。今呼早采者为荼，晚取者为茗，一名荈，蜀人名之苦荼。"

第6节 相关地理志上的茶事记载

原文

《坤元录》："辰州溆浦县西北三百五十里无射山，云蛮俗，当吉庆之时，亲族集会歌舞于山上。山多茶树。"

《括地图》："临遂县东一百四十里有茶溪。"

山谦之《吴兴记》："乌程县西二十里，有温山，出御荈。"

《夷陵图经》："黄牛、荆门、女观、望州等山，茶茗出焉。"

《永嘉图经》："永嘉县东三百里，有白茶山。"

《淮阴图经》："山阳县南二十里，有茶坡。"

《茶陵图经》云："茶陵者，所谓陵谷生茶茗焉。"

译文

　　《坤元录》[1]中记载："在辰州[2]溆浦县西北三百五十里的无射山，当地少数民族有一种风俗，每逢吉庆的时候，亲族都会到这座山上去集会歌舞。这座山上有很多茶树。"

　　《括地图》[3]中记载："临遂县[4]东一百四十里处有茶溪。"

　　山谦之的《吴兴记》[5]中记载："乌程县[6]西二十里有温山，出产御茶。"

　　《夷陵图经》[7]中记载："黄牛、荆门、女观、望州等山都产茶。"

　　《永嘉图经》[8]中记载："离永嘉县府东三百里有白茶山。"

　　《淮阴图经》[9]中记载："离山阳县府[10]南二十里有茶坡。"

　　《茶陵图经》[11]中记载："所谓茶陵，就是丘陵山谷中都生长有大片茶树的意思。"

释注

1. 《坤元录》："坤元"是大地的意思。《坤元录》又名《括地志》，是唐·李泰负责编写的地理总志，已佚。

2. 辰州：文中的"辰州"，在中国古代是所谓"蛮夷"之地的意思。（据吴觉农《茶经述评》）

3. 《括地图》：佚失已久，汉代古书，有文有图，以图为主，专讲地理。

4. 临遂县：疑为临蒸县（据吴觉农《茶经评》），古县名，今湖南省衡阳境内。

5. 《吴兴记》：古地方志，南朝·山谦之著。

6. 乌程县：古县名，秦王·政二十五年设，县治菰城（今浙江湖州南菰城遗址），今属吴兴县。

7. 《夷陵图经》：夷陵是县名，位于湖北宜昌长江西陵峡畔，属鄂西山区向江汉平原过渡地带，因"水至此而夷，山至此而陵"而名。《夷陵图经》是以图为主，附以文字说明的地理志，是唐代的州县图经之一，已佚。

8. 《永嘉图经》：约成书于隋，已佚。永嘉，古代郡县名。东晋置郡（323）。隋文帝开皇九年（589）永宁（今温州永嘉县、台州黄岩区一带）、安固（瑞安古称）、横阳（平阳古称）、乐成（乐清古称）四县合并，称永嘉县，属处州。

9. 《淮阴图经》：淮阴，古代郡县名，今江苏淮安。《淮阴图经》成书于唐，久佚。

10. 山阳县：唐代县名，今江苏淮安市淮安区。

11. 《茶陵图经》：茶陵，县名。《茶陵图经》是唐代州县图经之一，已佚。

要点解读

一、关于《坤元录》中的辰州溆浦县"无射山"

溆浦县，从汉代到东晋，南朝宋、齐各朝都属武陵郡。武陵郡辖沅陵、泸溪、溆浦、麻阳、辰溪五县，治所即当今之溆浦。现据湖南的茶叶专家们研究，认定无射山就位于以二酉乡田坳村为中心的沅陵、泸溪、古丈三县交界处，现名枯薮山。理由六条：①沅陵为唐代辰州辖区五县之一；②沅陵为溆浦县西北辰州境内唯一产茶县；③从溆浦到田坳的里程为唐代的三百五十里；④田坳符合"山多茶树"特点；⑤田坳在历史上一直是"生蛮（少数民族）"地界；⑥田坳有"家族集会歌舞于山上"的习俗。

二、关于《括地图》中临遂县的"茶溪"

临遂县，疑为临蒸县之误。唐·李泰《括地志辑校》记载："衡州临蒸县东北一百四十里有茶山、茶溪。"与《茶经·七之事》中"《括地图》：临遂县东一百四十里有茶溪"的记载仅一字之差。临蒸为古县名，今湖南省衡阳市衡南县境内。至于临蒸县的茶溪究竟在哪里，则还待查考。宋·张尧同有诗《嘉禾百咏·茶溪》一首："茶林那复有，零落付樵人。旧日溪边叟，空悲二月春。"不知他所咏的"茶溪"在哪里。明·张治也有《茶溪》诗一首："溪南溪北柳依依，细草晴云野四周。春雨一犁黄犊健，归来闲却绿蓑衣。"张治是茶陵秩堂毗塘村人，所以近年来有学者认为，张治所咏的"茶溪"就是记载中的"临蒸县……茶溪"，也即发源于今茶陵县景阳山的茶水。

三、关于《吴兴记》中出"御荈"的乌程县温山

乌程，旧县名，今属湖州市的吴兴县。据湖州学者考证，温山在湖州市西北约十公里处的弁山第二峰，现叫南云峰。唐·颜真卿《石柱记》有"弁山有金井玉涧乳窦温泉"的记载，故而也有称温泉山或温山坞的。吴觉农先生认为（《茶经述评》），"温山出御荈"可能就是三国时孙皓"御茶园"中生产的茶。由此看来，温山产"御荈"可以上溯到孙皓未登基前，即还是乌程侯的年代（264年前后），也是史上最早的贡茶记载。

四、关于《夷陵图经》中的四大茶产地

夷陵县，今为夷陵区，隶属于湖北省宜昌市，位于湖北宜昌长江西陵峡畔，长江中、上游的分界处，属鄂西山区向江汉平原过渡的丘陵地带，自古是湖北茶叶的主产区。《夷陵图经》中所载的"黄牛、荆门、女观、望州等山"，都是分布在长江沿岸的一些山名，也即当时的著名茶叶产地。黄牛山在邻近三峡的黄牛峡；荆门山、女观山、望州山都在长江南岸，其中荆门、女观两山在今宜都市（宜昌市下属县级市）西北，而望州山则在该市西南。

五、关于《永嘉图经》中的"白茶山"

史上的永嘉县始置于隋，隋文帝开皇九年（589）由永宁、安固、横阳、乐成四县合并而成，属处州。592年处州改名括州，州治括苍（今丽水市）。隋炀帝大业元年（605）又改括州为永嘉郡，郡治仍在括苍，辖永嘉、括苍、松阳、临海四县。可见当时永嘉县的范围很大，其中的永宁约在瓯江附近今温州永嘉县、台州黄岩区一带；安固即现今温州的瑞安（县级市）；横阳即现今温州的平阳县；乐成即现今的温州乐清（县级市）。乐清在永嘉以东，境内有"海上名山、寰中绝胜"之誉的雁荡山。雁荡山自晋代就产名茶，称"雁茗"，相传在晋代由高僧诺讵那传来。《雁山志》有载："浙东多茶品，而雁山者称最"。又清·劳大舆《瓯江逸志》说，雁山茶中一枪一旗而色白的"即明茶，紫色而香者名玄茶"。据此，吴觉农先生在他的《茶经述评》中曾提出一种可能性，即《永嘉图经》"永嘉县东三百里，有白茶山"中的"白茶山"是否就是出白色明茶的雁荡山呢？有研究认为，这种可能性是有的，理由有二：一是雁荡山在永嘉东，再往东那就是海了；二是雁荡山自古就产名茶。至于"县东三百里"不是到海上去了吗？也解释有二：其一，古代图志上描述的距离一般系指官道，不可能是直线距离。其二，永嘉地处浙南山区，山川阻隔，道路崎岖蜿蜒，所以说有三百里也是可能的。何况，据相关考证，古代的"一里"约只有415米。

六、关于《淮阴图经》中的"茶坡"

《淮阴图经》久佚，记载中的山阳县，始置于东晋，今在江苏淮安市境内。关于《淮阴图经》中的"茶坡"，在清·乾隆《山阳县志》、清·咸丰《淮安府志》、清·同治《重修山阳县志》中都有记载，但均作"茶陂"。其中《淮安府志》的记载是："茶陂，去治西南二十里，北枕管家湖。"清·同治《重修山

阳县志》则说："茶陂，古地名，陆羽《茶经》云，山阳南二十里有茶陂。现旧址已不可考。"说明"茶陂"旧址在清咸丰年间还在，但到同治年间"已不可考"了。"茶陂"是淮阴重要的古迹之一，清·丁晏《淮阴说》上云："仆游于淮久矣，乐其土风，柘塘秔稻之饶，射阳鱼蟹之美。丹台王乔之宅，茶陂陆羽之神。"这则记载同时也说明，"茶陂"这一带自古产茶，当年陆羽也曾到过这里，但这一古迹显然是没有保存下来。

七、关于"茶陵"的来历

茶陵，古称茶陵、茶乡。茶陵县始置于汉朝，据《汉书·地理志》记载，是当时长沙国十三个属县之一。至于为何称之谓"茶陵"，则历来有两种说法，其中一种说法是："茶陵者，所谓陵谷生茶茗焉。"这是陆羽引自《茶陵图经》的说法。那另一种说法呢？则就与"尝百草"的神农氏联系在一起了。晋·皇甫谧《帝王世纪》说：炎帝"在位一百二十年而崩，葬长沙。"宋·罗泌《路史》就记述得更具体了，说炎帝"崩葬长沙茶乡之尾，是曰茶陵。"而明·赵学佺《名胜志》的记述则还要清楚："史记炎帝葬于茶山之野。茶山，即景阳山也，以林谷间多生茶茗，故名。""茶山"还是"茶水"的源头，也因山谷溪旁多生茶茗而得名。宋·王象之《舆地纪胜》有"茶山……在县东百二十里，茶水源出此"的记载。但总而言之，两种说法虽各有所异，但有一点是共同的，即：茶陵这个地方自古以来就盛产茶叶。

第7节 当朝医书上的茶事记载

原文

《本草·木部》："茗，苦茶。味甘、苦，微寒，无毒。主瘘疮，利小便，去痰、渴、热，令人少睡。秋采之苦，主下气、消食。注云：春采之。"

《本草·菜部》："苦茶，一名茶，一名选，一名游冬。生益州川谷，山陵道傍，凌冬不死。三月三日采，干。注云：疑此即是今茶，一名茶，令人不眠。"《本草注》:"按《诗》云'谁谓茶苦',又云'堇荼如饴',皆苦菜也。陶谓之苦茶,木类,非菜流。茗,春采,谓之苦㮈。"

《枕中方》:"疗积年瘘,苦茶、蜈蚣并炙,令香熟,等分,捣筛,煮甘草汤洗,以末傅之。"

《孺子方》:"疗小儿无故惊厥,以苦茶、葱须煮服之。"

译文

《本草[1]·木部》中说:"茗就是苦茶,味甘、苦[2],药性微寒[3],无毒。主治瘘疮[4],利尿,去痰,解渴,散热,醒睡意。秋采的茶叶味苦,主要功能是下气[5],助消化。原注说:春天采摘。"

《本草·菜部》中说:"苦茶,也有称之为荼、选、游冬的。生在四川一带的川谷、山陵和道路两旁,过严冬也不会冻死,三月三日采制焙干。原注说:这或者就是如今所说的茶,也叫做茶,饮后能使人清醒不打瞌睡。《本草注》:按《诗经》[6]中'谁谓荼苦'和'堇荼如饴'两句所说的荼,都是苦菜。陶弘景则说:苦茶是木类,不是菜类。茗,春天采摘的叫做苦㮈。"

《枕中方》[7]中说:"治疗多年的瘘疮,用苦茶和蜈蚣,分别炙烤至发出香气,然后取等量捣碎,过筛成为细末。使用时,先煮甘草汤擦洗患处,然后将细末敷上。"

《孺子方》[8]中记载:"治疗小儿元故惊厥,用苦茶和葱须煎煮服用。"

释注

1. 《本草》:即《新修本草》,又名《唐本草》《英公本草》。
2. 味甘、苦:中药分酸、咸、甘、苦、辛五味,并把五味的作用归结为"酸收、苦坚、甘补、辛散、咸软"。中医学中谓味甘之物具有补益、和中、缓急等作用。味苦之物具有燥坚的作用。
3. 微寒:中医指寒、凉、温、热四种药性。寒凉与温热是相对立的两种药性,寒凉药材多具有清热泻火、利尿通便、化痰开窍的作用,适用于热性病症。
4. 瘘疮:肛门部位疾病的总称,如痔疮和瘘管等。
5. 下气:中药功效术语。

6. 《诗经》: 中国最早的诗歌集, 据传为尹吉甫 (前852—前775) 采集, 孔子 (前551—前479) 编订。

7. 《枕中方》: 已佚, 无考。李时珍《本草纲目》有引, 但也是引自《茶经》。

8. 《孺子方》: 医书名, 已佚, 无考。

要点解读

一、简说《本草》

陆羽在《茶经》中所录的《本草》, 即《新修本草》, 是唐高宗授命英国公李勣领衔增补南朝·陶弘景的《神农本草经集注》, 故又名《唐本草》或《英公唐本草》。参加编撰的有苏敬等二十余人, 历时两年, 于高宗显废四年 (569) 正月颁行全国, 是世界上最早的国家级药典。《新修本草》以《神农本草经集注》为基础, 新增药物凡一百二十种, 共八百五十种, 分五十四卷。但《新修本草》原书已佚, 不过其主要内容仍保存于后世诸家的《本草》著作中。《新修本草》颁行后的数十年间, 民间单方、验方大批涌现, 加上《新修本草》是单凭朝廷诏令各州县汇集资料, 在短短两年时间里编撰出来的, 故而遗漏和错误之处也在所难免。于是在这样的情况下, 唐·陈藏器 (约687—757) 便以收集《新修本草》中的遗漏为主, 又编撰了《本草拾遗》一书, 对《新修本草》作了十分必要的补充。

二、《本草》中对茶之性味与功效的描述

中药的性味是中医学的理论基础, 又称"四性五味"。所谓"四性", 即指寒、凉、温、热。"五味", 即指酸、苦、甘、辛、咸。《新修本草》认为茶味苦、甘, 性微寒。微寒即凉, 能入心、肝、脾、肺、肾五经。苦能泻下、燥湿、降逆; 甘能补益、缓和; 凉能清热、泻火、解毒。《新修本草》还认为茶有"下气"的功效, 即指茶有降气或镇潜的功能, 其中所谓的"镇潜", 指的是具有镇静安神或平肝熄风的作用。所以, 古人认为茶的药用价值是比较全面的, 也正因为全面, 所以陈藏器在他的《本草拾遗》中才有"贵在茶也, 上通天境, 下资人伦, 诸药为各病之药, 茶为万病之药"一说。而且, 其中的"上通天境, 下资人伦", 则分明是已上升到"茶道"境界了, 个中道理说简单也简单, 人的健康是生理健康与心理健康的统一, 一个人的"心境"好了, 是有利于对付任何疾病的。所以, 从这种意义上讲: 茶, 特别是茶道中的饮茶,既能陶冶心境，又有益于生理保健，的确是可以被誉为"万病之药"的。

三、《茶经》中茶的医疗保健功能一览

综上，从神农氏发现茶的药用功能，至陆羽《茶经》，古人对茶的药用价值，应该说是已经有了相当程度的认知，梳理之下大致可归纳成以下八个方面：

①益思。见《七之事·神农食经》："荼茗久服令人有力，悦志"。《七之事·华佗食论》："苦荼久服益意思"。

②明目。见《一之源》："若……目涩……"。《七之事·艺术传》："敦煌人单道开……所余茶苏而已，自云能疗目疾，就疗者颇验"。此外，唐·陈藏器《本草拾遗》中也有称茶能"明目"的记述。

③驱睡。见本节《本草·木部》："令人少睡"。《七之事·周公·尔雅》："其饮醒酒，令人不眠"。《七之事·桐君录》："令人不眠"。此外，唐·陈藏器《本草拾遗》中也有称茶能使人"少睡"的记述。

④安神。见《七之事·孺子方》："疗小儿无故惊厥……"。

⑤消食。见《七之事·本草·木部》："秋采之苦，主下气，消食。"

⑥解毒。唐·陈藏器《本草拾遗》中有茶能"破热气，除瘴气"的记述。至于传说中的"神农尝百草，日遇七十二毒，得荼而解之。"一说，其有无虽无定论，但后世宋·《本草衍义》中则真有："神农尝百草，一日遇七十毒，得荼而解之"的记载。

⑦疗疮。见《七之事·枕中方》："疗积年瘘，苦荼、蜈蚣并炙……"。

⑧保健。见《七之事·壶居士食忌》："苦荼久食，羽化"。《七之事·陶弘景·杂录》："苦荼轻身换骨"。

茶经解读

茶经卷 下 · 八之出

第 1 节 山南茶区

原文

　　山南：以峡州上（原注：峡州生远安、宜都、夷陵三县山谷）。襄州、荆州次（原注：襄州生南鄣县山谷；荆州生江陵县山谷）。衡州下（原注：生衡山、茶陵二县山谷）。金州、梁州又下（原注：金州生西城、安康二县山谷；梁州生襄城、金牛二县山谷）。

译文

　　山南[1]茶区：山南茶区最上品的是产于峡州[2]的茶叶（原注译：峡州茶，主产于远安[3]、宜都[4]、夷陵[5]三县山区）。其次是产于襄州[6]、荆州[7]的茶叶（原注译：襄州茶，主产于南鄣县[8]山区；荆州茶，主产于江陵县[9]山区）。往下是产于衡州[10]的茶叶（原注译：衡州茶，主产于衡山[11]、茶陵二县山区）。再往下是产于金州[12]、梁州[13]的茶叶（原注译：金州茶，主产于西城[14]、安康[15]二县山区；梁州茶，主产于襄城[16]、金牛[17]二县山区）。

释注

1.　山南：唐初道名，因位于终南山之南而得名。
2.　峡州：唐代州名，辖区相当于今湖北宜昌、远安、宜都等县市。
3.　远安：唐代县名，今同，在湖北宜昌市东北。
4.　宜都：唐代县名，今为县级市，在湖北宜昌市西南。
5.　夷陵：唐代县名，今为县级区，隶属湖北宜昌市。
6.　襄州：唐代州名，辖区相当于今湖北襄阳、谷城、光化、南漳、宜城等地。
7.　荆州：唐代州名，辖区相当于今湖北松滋至石首间的长江流域，北部兼有今荆门、当阳等地。
8.　南鄣：唐代县名，约相当于今湖北南漳县。
9.　江陵：唐代县名，辖境约与今江陵县同，隶属湖北省荆州市。
10.　衡州：唐代州名，相当于今湖南衡山、常宁、来阳间的湘水流域。
11.　衡山：唐代县名，今同。
12.　金州：唐代州名，相当于今陕西石泉以东，旬阳以西的汉水流域。

13. 梁州：唐代州名，相当于今陕西城固以西的汉水流域。

14. 西城：唐代县名，治所在今陕西安康。

15. 安康：古县名，原为安阳县，西晋太康元年（280）改为安康县。

16. 襄城：唐代县名，始置于秦，位于河南省正中部。

17. 金牛：唐代县名，始置于唐，辖境约在今陕西宁强县东北部。

<table>
<tr><td>要点
解读</td></tr>
</table>

一、唐代的山南茶区

　　《茶经》中的山南茶区，以唐初的山南道为名。唐·太宗贞观元年（627）分大唐天下为十道，山南为当时的十道之一。山南道的辖境相当于今四川及重庆嘉陵江流域以东地区，陕西秦岭、甘肃蟠冢山以南，河南伏牛山西南，湖北郧水以西，重庆市至湖南岳阳之间的长江以北地区。其中《茶经》中所涉的著名茶产区域是今湖北省宜昌市所属的远安、宜都、宜昌、南漳等县市区，荆州市所属的江陵县；湖南省衡阳市所属的衡山县，湘潭市所属的茶陵县；陕西省安康市所属的安康、汉阴等县市，汉中市所属的宁强县；四川省万州区（原万县地区）所属的开县。唐代时，山南茶区的茶产已进入长

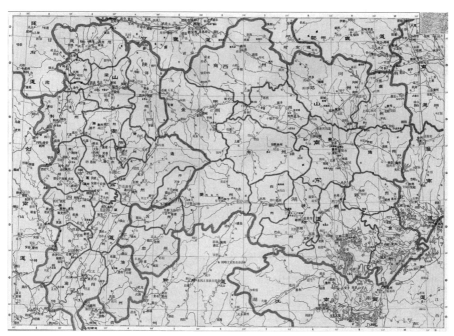

山南茶区范围图

安，西安清盛魁茶行还保存有当时的账册，账册上记有唐初名将秦琼（？—638）、尉迟敬德（585—658）购买山南茶的账务。

二、关于《茶经·八之出》中对名茶品质的描述

在《茶经·八之出》中，陆羽把当时全国重要的茶产地划分为山南、淮南、浙西、剑南、浙东、黔中、江南、岭南八大茶区，又将每个茶区中著名的茶产评为上、次、下和又下四个品质等级。但通观陆羽对八大茶区的评述，有三点是可以肯定的：其一，每产区中所评述到的茶都应该是当时的名茶，而不是全部。其二，排名中的"次、下、又下"，绝不是品质次、品质低下、品质更低下的意思，而是一种相对的档次排列，而且都是当时著名的好茶，故而应译作"最上品、其次、往下、再往下"比较恰当。其三，陆羽的这些评价应该是仅基于他能采集到的样本而言的。要知道，这在当时的交通条件，又没有朝廷统一布置，单凭着一己之力的情况下，已经是相当不容易的事了。但也正是出于这样的一种原因，《茶经·八之出》中的这些评价，对后世而言，只能是仅供参考。因为一个地区茶叶品质的优劣，是由生态环境、茶树品种、栽培技术、茶类适制性、采摘标准、加工工艺等多种因素综合决定的。

三、唐代山南茶区的名茶简介

唐代名茶，据唐代陆羽《茶经》，《唐书》，及唐·李肇《国史补》、唐·杨晔《膳夫经手录》、唐五代·毛文锡《茶谱》等历史资料记载，不下50余种，其中山南茶区的有：

①峡州的碧涧茶、明月茶、芳蕊茶、茱萸茶，及夷陵小江园茶和夷陵茶等。唐·李肇《国史补》有"峡州有碧涧、明月、芳蕊、茱萸"茶的记载。唐·郑谷在《峡中尝茶》中赞曰："蔟蔟新英摘露光，小江园里火煎尝。吴僧漫说鸦山好，蜀叟休夸鸟觜香。合座半瓯轻泛绿，开缄数片浅含黄。鹿门病客不归去，酒渴更知春味长。"

②荆州的仙人掌茶。唐·李白《答族侄僧中孚赠玉泉仙人掌茶诗并序》："常闻玉泉山，山洞多乳窟。仙鼠如白鸦，倒悬清溪月。茗生此中石，玉泉流不歇。根柯洒芳津，采服润肌骨。丛老卷绿叶，枝枝相接连。曝成仙人掌，似拍

洪崖肩。举世未见之，其名定谁传。宗英乃禅伯，投赠有佳篇。清镜烛无盐，顾惭西子妍。朝坐有馀兴，长吟播诸天。"

③衡州的石廪茶、衡山团饼和衡山玉团茶。其中石廪茶产于衡山石廪峰，唐·李群玉《龙山人惠石廪方及团茶》赞曰："客有衡岳隐，遗余石廪茶。自云凌烟露，采掇春山芽。珪璧相压叠，积芳莫能加。碾成黄金粉，轻嫩如松花。红炉爨霜枝，越儿斟井华。滩声起鱼眼，满鼎漂清霞。凝澄坐晓灯，病眼如蒙纱。一瓯拂昏寐，襟鬲开烦拏。顾渚与方山，谁人留品差？持瓯默吟味，摇膝空咨嗟。"

④金州的茶牙和紫阳茶。《新唐书·地理志》中有"金州汉阴郡土贡茶牙……"的记载。紫阳茶产于今紫阳县，也是唐代贡茶，古《紫阳县志》中有"紫阳茶，每岁充贡，陈者最佳，醒酒消食，清心明目……"。唐代饼茶，虽然从蒸汽杀青而言当属绿茶，但由于是团饼茶，一时很难干燥，故客观上存在着类似黄茶类的"湿闷"作用，甚至黑茶类的"闷堆"作用，故而有"陈者最佳"一说。

⑤梁州的西乡月团。西乡产茶始于商，盛于唐，相传杨贵妃嗜食荔枝，命人沿子午道驿马飞递，途径西乡，"西乡月团"随之入宫，百官争相嗜饮，从此被列为土贡。

第2节 淮南茶区

原文

淮南：以光州上（原注：生光山县黄头港者，与峡州同）。义阳郡、舒州次（原注：生义阳县钟山者，与襄州同；舒州生太湖县潜山者，与荆州同）。寿州下（原注：盛唐县生霍山者，与衡山同也）。蕲州、黄州又下（原注：蕲州生黄梅县山谷；黄州生麻城县山谷，并与荆州、梁州同也）。

译文

淮南[1]茶区：淮南茶区所产的茶，最上品的是光州[2]产的茶叶（原注译：产于光山县[3]黄头港[4]的，其品质与峡州同）。其次是义阳郡[5]、舒州[6]产的茶叶（原注译：产于义阳县[7]钟山[8]的，其品质与襄州同；产于舒州太湖县[9]潜山[10]的，其品质与荆州同）。往下是寿州[11]产的茶叶（原注译：产于盛唐县[12]霍山[13]者，其品质与衡山同）。再往下是蕲州[14]、黄州[15]产的茶叶（原注译：产于蕲州黄梅县[16]山区的，与产于黄州麻城县[17]山区的，其品质分别与荆州、梁州同）。

释注

1. 淮南：唐初道名，唐十道之一。

2. 光州：唐代州名，隶属淮南道。光州始置于南朝，辖地相当于今淮河以南，竹干河以东地区。今为河南省潢川县。

3. 光山县：唐代县名，今同。位于今河南省东南部，北临淮河，南依大别山，位于河南、湖北、安徽三省交界处。

4. 黄头港：未知。

5. 义阳郡：隋朝时的郡名，至唐已改为申州，隶属淮南道。辖地相当于今河南信阳市、罗山县、桐柏县东部，及湖北应山、大悟、随县三县的部分地区。今为河南市信阳市。

6. 舒州：唐代州名，辖怀宁，领怀宁、宿松、太湖、望江、同安五县。今为安徽省潜山县。

7. 义阳县：唐代县名，在今河南信阳市南。

8. 钟山：在今河南信阳县东南。

9. 太湖县：唐代县名，大致同今安徽省太湖县。

10. 潜山：在今安徽省太湖县境内。

11. 寿州：唐代州名，初辖寿春、安丰两县，后增辖霍邱、霍山、盛唐三县。今为安徽省寿县。

12. 盛唐县：唐代县名，今为安徽六安县。

13. 霍山：指盛唐县境内的霍山，又名潜山、天柱山。

14. 蕲州：唐代州名，辖地相当于今湖北省的长江以北，巴河以东。今为湖北省蕲春县。

15. 黄州：唐代州名，辖地相当于今湖北省的长江以北，京汉线以东，巴河以西。

16. 黄梅县：唐代县名，大致同今湖北黄梅县。

17. 麻城县：唐代县名，大致同今湖北麻城县。

一、唐代的淮南茶区

唐初的淮南道辖境，相当于现在的江苏省中部、安徽省中部、湖北省东北部和河南省东南角等范围，即淮河以南，长江以北，湖北应山、汉阳以东的江淮地区。辖扬州、楚州（今江苏省淮安市淮安区）、滁州、和州（今安徽省和县）、濠州（今安徽省凤阳县）、庐州（今安徽省合肥市）、寿州、光州、蕲州、申州（见释注5：义阳郡）、黄州、安州（今湖北省安陆市）、舒州、沔州（今湖北省武汉市汉阳区），共计十四州、五十七县。淮南茶区约在秦汉以后就已形成，到唐朝陆羽的时候已经是朝廷实行茶叶榷禁制度和土贡名茶的重要产区之一了。当时该茶区出产的蒸青饼茶，其规格是较大的，《新唐书·食货志》有"贞元（785—802）江淮茶为大模，一斤至五十两"的记载。在这十四州中，陆羽在《茶经》中所涉的茶产地主要是光州、寿州、蕲州、申州、黄州、舒州等六个州，涉及今河

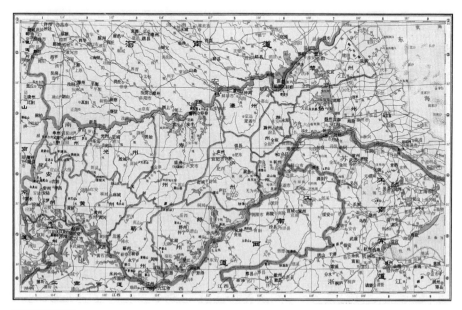

淮南茶区范围图

133

南的信阳、潢川、光山，安徽的怀宁、寿县，湖北的蕲春、黄冈、忻州。

二、唐代淮南茶区名茶简介

①光州的光山茶。光山茶，产于今河南省光山县，即陆羽所评价的："淮南：以光州上"，并注说是"生光山县黄头港者……"。

②义阳郡的义阳茶。义阳郡是隋代的建制，至唐代已改为隶属淮南道的申州，现在河南省信阳市南。义阳茶是唐代贡茶，《新唐书·地理志》有："义阳土贡品有茶"的记载。《信阳县志》中也有："本山产茶甚古，唐地理志义阳土贡品有茶，苏东坡谓淮南茶信阳第一……"的记载。

③舒州的天柱茶。唐·杨华《膳夫经手录》有"舒州天柱茶，虽不峻拔遒劲，亦甚甘香芳美，良可重也"的记载。唐·薛能《谢刘相寄天柱茶》诗："两串春团敌夜光，名题天柱印维扬。偷嫌曼倩桃无味，捣觉嫦娥药不香。惜恐被分缘利市，尽应难觅为供堂。粗官寄与真抛却，赖有诗情合得尝。"据陆羽在《茶经》中的注，舒州天柱茶产于"太湖县潜山"。

④寿州的霍山黄芽、霍山天柱茶、霍山小团、六安茶（小岘春）。霍山黄芽源于唐前，《史记》中有"寿春之山有黄芽焉"的记载。至唐被列为贡茶，唐·李肇《国史补》十四贡品名茶中有"霍山之黄芽"的记载。《寿州志》也载："唐宋史志皆云，寿州产茶，盖以其时盛唐霍山隶寿州，隶安丰军也。今土人云，寿州向亦产茶，名云雾者最佳……"这里的"盛唐霍山"，即今安徽六安县的霍山，亦名潜山或天柱山，是自唐以来就久负盛名的名茶产地。六安茶也产于寿州盛唐（现安徽六安），其中又以"小岘春"最为出名。

⑤蕲州的蕲门团黄。蕲门团黄产于唐时的蕲州，今湖北省蕲春县地方。蕲门团黄是唐时十四贡品名茶之一，唐·李肇《国史补》中有"蕲州有蕲门团黄"的记载。

⑥黄州的黄冈茶。黄冈茶产于唐时的黄州，今湖北黄冈县地方。黄州在唐前就是一个有名的茶产地，州属黄冈县出产的黄冈茶，自唐代开始就已列为贡

品，及宋依旧，宋·王禹偁《茶园十二韵》诗曰："勤王修岁贡，晚驾过郊原。蔽芾余千本，青葱共一园。芽新撑老叶，土软进深根。舌小侔黄雀，毛狞摘绿猿。出蒸香更别，入焙火微温。采近桐华节，生无谷雨痕。缄縢防远道，进献趁头番。待破华胥梦，先经阊阖门。汲泉鸣玉甃，开宴压瑶罇。茂育知天意，甄收荷主恩。沃心同直谏，苦口类嘉言。未复金銮召，年年奉至尊。"

⑦扬州的蜀冈茶。扬州是我国古代茶叶产地之一。唐代时在扬州的新罗学者崔致远收到了淮南节度使高骈派人送给他的蜀冈新茶后，写了《谢新茶状》向高骈致意，对蜀冈茶给予很高的赞誉。五代时期的毛文锡《茶谱》说："扬州禅智寺，隋之故宫，寺枕蜀冈，有茶园，其茶甘香，味如蒙顶焉。"

第 3 节 浙西茶区

原文

浙西：以湖州上（原注：湖州生长城县顾渚山谷，与峡州、光州同；生山桑、儒师二寺，白茅山悬脚岭，与襄州、荆南、义阳郡同；生凤亭山伏翼阁，飞云、曲水二寺，啄木岭，与寿州、常州同；生安吉、武康二县山谷，与金州、梁州同）。常州次（原注：常州义兴县生君山悬脚岭北峰下，与荆州、义阳郡同；生圈岭善权寺、石亭山，与舒州同）。宣州、杭州、睦州、歙州下（原注：宣州生宣城县雅山，与蕲州同；太平县生上睦、临睦，与黄州同；杭州临安、於潜二县生天目山，与舒州同。钱塘生天竺、灵隐二寺；睦州生桐庐县山谷，歙州生婺源山谷，与衡州同）。润州、苏州又下（原注：润州江宁县生傲山；苏州长洲县生洞庭山，与金州、蕲州、梁州同）。

译文

浙西[1]茶区：浙西茶区的茶，最上品的是产于湖州[2]的茶叶（原注译：产于湖州长城县[3]顾渚[4]山区的，与峡州、光州同；产于山桑、儒师二寺[5]的，产于白茅山悬脚岭[6]的，与襄州、荆南[7]、义阳郡同；产于凤亭山伏翼阁[8]的，产于飞云、曲水二寺[9]的，产于啄木岭[10]的，与寿州、常州同；产于安吉[11]、武康¹²二县山区的，与金州、梁州同）。**其次是产于常州¹³的茶叶**（原注译：产于常州义兴县¹⁴君山¹⁵悬脚岭北峰下的，与荆州、义阳郡同；产于圈岭善权寺、石亭山¹⁶的，与舒州同）。**往下是产于宣州¹⁷、杭州¹⁸、睦州¹⁹、歙州²⁰的茶叶**（原注译：产于宣州宣城县²¹雅山²²的，与蕲州同；产于太平县²³上睦、临睦²⁴的，与黄州同；产于杭州临安²⁵、於潜²⁶二县天目山²⁷的，与舒州同。产于钱塘²⁸天竺、灵隐二寺²⁹的；产于睦州桐庐县³⁰山区的，产于歙州婺源³¹山区的，与衡州同）。**再往下是产于润州³²、苏州³³的茶叶**（原注译：产于润州江宁县³⁴傲山³⁵的，产于苏州长洲县³⁶洞庭山³⁷的，与金州、蕲州、梁州同）。

释注

1. 浙西：唐代浙江西道的简称，这里是指浙西茶区。
2. 湖州：唐代州名，辖乌程、武康、长城、安吉、德清五县。
3. 长城县：唐代湖州辖县之一，今为长兴县。
4. 顾渚：山名，在今长兴县境内。
5. 山桑、儒师二寺：长兴县境内有山桑坞和儒师坞，分别建有山桑、儒师两寺。
6. 白茅山悬脚岭：在长兴县渚顾山东面。
7. 荆南：荆州。（据吴觉农《茶经述评》）
8. 凤亭山伏翼阁：凤亭山在长兴县西北四十里。伏翼阁是山里的一处寺院。
9. 飞云、曲水二寺：飞云寺、曲水寺，都在长兴县境内。
10. 啄木岭：在长兴县西北。
11. 安吉县：唐代湖州辖县之一，今浙江安吉县。
12. 武康县：唐时湖州辖县之一，今在浙江德清县境内。
13. 常州：唐代州名，范围相当于今江苏常州市、无锡市，及武进、江阴、无锡、宜兴等县市。
14. 义兴县：唐代常州辖县之一，今江苏省宜兴县。
15. 君山：在宜兴县南二十里。
16. 圈岭善权寺、石亭山：圈岭在今宜兴县西南，有九岭相连，善权是九岭之一，建有善权寺，相传善权是尧时隐士。石亭山无考。
17. 宣州：相当今安徽省境内长江段以南，黄山、九华山以北地区，及江苏溧水、溧阳等县一带。

18. 杭州：古余杭郡，至唐，初为杭州郡，属江南道。唐天宝年间复名余杭郡，属江南东道。唐乾元元年（758）又改名杭州，归属浙江西道，辖钱塘、盐官、富阳、新城、余杭、临安、于潜、唐山八县。

19. 睦州：唐代州名，今浙江建德、桐庐、淳安一带。唐初，睦州隶属江南道，后属江南东道，唐乾元时归浙江西道。

20. 歙州：唐代州名，在今安徽歙县、祁门一带。歙州初属江南道，后分属江南东道，乾元时又划归浙江西道。

21. 宣城县：唐代时宣州属县之一，今为安徽省宣城县。

22. 雅山：在今安徽省宣城县境内。

23. 太平县：唐代时宣州属县之一，在今安徽省太平县地方。

24. 上睦、临睦：唐时太平县境内的二个地名。

25. 临安：县名，隶属杭州。唐时临安县相当于今杭州市临安区"临安片"地方。

26. 於潜：县名，隶属杭州，今已并入杭州市临安区。唐时於潜县相当于今杭州市临安区"於潜片"地方。

27. 天目山：又名浮玉山，主峰在今杭州市临安区境内，山脉西南—东北走向，横亘于浙西与皖东南一带。

28. 钱塘：县名，原谓钱唐，唐时避国号讳，改称钱塘，属杭州首县。唐时的钱塘县大致包括今杭州市的上城区、西湖区、拱墅区；余杭区的良渚、瓶窑、五常等镇；富阳区受降镇东北部等地方。

29. 天竺、灵隐二寺：均在今杭州市西湖区境内，

30. 桐庐县：唐时隶属睦州，今为杭州市桐庐县。

31. 婺源：县名，始置于唐开元，隶属歙州，此后一直到1934年后才从安徽划入江西。

32. 润州：古州名，在今江苏镇江、丹阳一带。唐初润州隶属江南道，后分属江南东道，唐乾元年间又分属浙江西道。

33. 苏州：古称吴郡，唐初为苏州，属江南道。唐天宝元年改称吴郡，属江南东道。唐乾元元年复称苏州，属浙江西道，范围相当于今江苏吴县、常熟以东，浙江桐乡、海宁以东，及上海市的部分地方。

34. 江宁县：唐代县名，又曾称归化县、金陵县、白下县、上元县等，也曾是南京的旧称。江宁县曾属扬州，后属润州，范围大致在今南京市地方。

35. 傲山：在今南京市江宁区境内。

36. 长洲：唐代县名，隶属苏州，在今苏州市地方。

37. 洞庭山：在今江苏省苏州市西南，太湖东南部，是东洞庭山与西洞庭山的总称。

一、唐代的浙西茶区

浙江西道是唐代后期才有的建制，唐乾元元年（758）从江南东道中析出。这里的所谓"浙江"，即今上游称新安江，中游称富春江，下游称钱塘江的全流域通称，亦名"折江"或"之江"。所以，所谓的"浙西"，是泛指长江以南，钱塘江、富春江、新安江西北部。原江南东道的地方，包括今苏南、上海、浙北，及徽州（大致包括黄山市、绩溪县、婺源县）这些地方，辖润、常、苏、湖、杭、歙六州。浙西茶区是唐时最为重要的茶产区之一，同时也是陆羽从事茶事考察活动最为频繁的地方，其中湖州被称为陆羽的第二故乡，湖州长兴的顾渚紫笋是唐时最负盛名的皇家贡茶，杭州的余杭径山是茶圣陆羽的著《经》之地（参见附件：有关陆著《经》之地的史料）。

浙西茶区范围图

二、唐代浙西茶区的名茶简介

①湖州的顾渚紫笋茶。顾渚紫笋产于浙江湖州市长兴县顾渚山一带，因芽叶嫩黄如金（即所谓"紫"），嫩叶背卷似笋而得名。顾渚紫笋是唐代最负盛名的茶，时于唐朝广德年间正式成为贡茶和朝廷祭祀用茶，并规定首批贡茶必须在"清明"前送达长安，祭祀宗庙。宋·嘉泰《吴兴志》有载："顾渚与宜兴接，唐代宗以其（指义兴）岁造数多，遂命长兴均贡。"意思是说湖州长兴的顾渚山与江苏义兴是接壤的，唐代宗认为义兴贡茶（指阳羡贡茶）负担过重了，所以就诏命长兴也共同承担贡茶。于是，在这样的时代背景下，中国历史上首例皇家贡茶院就在长兴顾渚山诞生了。对此，嘉泰《吴兴志》还记载道："长兴有贡茶院，在虎头岩后，曰顾渚。石斫射而左悬臼，或耕为园，或伐为炭，惟官山独深秀。归于顾渚源建草舍三十余间，自大历五年至贞元十六年于此造茶，急程递进，取清明到京"。又说："袁高、于頔、李吉甫各有述。至贞元十七年（801），刺史李词以院宇隘陋，造寺一所，移武康吉禅额置焉，以东廊三十间为贡茶院，两行置茶碓，又焙百余所，工匠千余人，引顾渚泉亘其间，烹蒸涤濯皆用之，非此水不能制也。"

②常州的阳羡茶。阳羡茶又名阳羡紫笋，与湖州的顾渚紫笋齐名，唐代诗人卢仝在《走笔谢孟谏议寄新茶》诗中有"天子未尝阳羡茶，百草不敢先开花"的诗句。阳羡茶产于今江苏宜兴县（古名阳羡县）君山，又名唐贡山（因产贡茶而名）。据记载，阳羡茶之所以成为唐时的绝品贡茶，还与陆羽的推荐有关，唐·义兴县的《重修茶舍记》对此有着明确记载："义兴贡茶非旧也，前此故御史大夫李栖筠实典是邦，山僧有献佳茗者（指阳羡茶）会客尝之，野人陆羽以为芳香甘辣，冠于他境，可荐于上。栖筠从之，始进万两。此其滥觞也，厥后因之征献侵广，遂为任土之贡。"

③宣州的瑞草魁。瑞草魁又名鸦山茶，产于今安徽省南部的雅山，又称鸦山、丫山，是天目山在安徽境内南北走向的一支余脉。宋·梅尧臣《鸦山》诗云："昔观唐人诗，茶韵鸦山嘉。鸦衔茶子生，遂名山名鸦。"梅尧臣的诗既点明了"鸦山"一名的来历，而且也说明鸦山茶早在唐朝就已经是公认的名茶了。唐诗人杜牧《题茶山》诗则赞曰："山实东吴秀，茶称瑞草魁。剖符虽俗吏，修贡亦仙才。"赞誉鸦山茶是茶中魁首，并且也是唐时的朝廷贡茶。对

此，唐五代时毛文锡撰的《茶谱》中也有记载："宣城县有丫山，小方饼横铺荀牙装面。其山东为朝日所烛，号曰阳坡，其茶最胜，太守尝荐于京洛人士，题曰丫山阳坡横纹茶。"其中的"小方饼"即指当时的鸦山茶是方形小个头的团饼茶。至于为什么又称"横纹茶"呢？这是因为该地茶品种主侧脉交角大，侧脉几乎横向，故又名"横纹茶"。

④杭州的天目茶、径山茶、灵隐茶、天竺茶。其中：

天目茶产于今杭州市临安区，因天目山山高，多云雾，故又称天目云雾茶。由于生态环境得天独厚，故自古以来就是我国著名的名茶产区。唐·皎然在《对陆迅饮天目山茶 因寄元居士晟》中云："喜见幽人会，初开野客茶。日成东井叶，露采北山芽。文火香偏胜，寒泉味转嘉。投铛涌作沫，著碗聚生花。稍与禅经近，聊将睡网赊。知君在天目，此意日无涯。"诗中皎然对天目山茶之采摘、焙制、烹煮及优秀的品位等作了生动的描述，同时也证明早在唐代中叶，天目山茶已是闻名于世的上品名茶了。

径山茶产于今杭州市余杭区径山。径山是天目山之东北峰，因有径通天目而得名，是古代去天目的必经之路。径山又是佛教名山，山上有寺，宋时曾被朝廷敕封为江南五山十刹之首。径山茶也始名于唐，据古《余杭县志》记载：唐天宝元年（742），昆山僧法钦（714—792）尊师训至径山结庵时，"尝手植茶树数株，采以供佛，逾年蔓延山谷，其味鲜芳，特异他产。"此外，径山还是陆羽的著《经》之地，具体地点就在径山东麓的"陆羽泉"。对此，古《余杭县志》有载："陆羽泉，在县西北三十五里吴山界双溪路侧，广二尺许，深不盈尺，大旱不竭，味极清冽（嘉庆县志）。唐陆鸿渐隐居苕霅著《茶经》其地，常用此泉烹茶，品其名次，以为甘冽，清香，中冷、惠泉而下，此为竟爽云（旧县志）。"

灵隐茶和天竺茶产于今杭州市西湖区，现在是全国最著名的西湖龙井茶产地。灵隐、天竺两寺均始建于晋代，为古印度（天竺）高僧慧理所建。灵隐和天竺两寺产茶历史悠久，据记载是始于晋宋之际，当时天竺寺的香林洞曾是谢灵运翻译过佛经的地方，并首先在此种茶。谢灵运（385—433），原名公义，号称东晋文坛泰斗，即那个"才高八斗"成语典故中的人物。据载，谢灵运出生后不久就寄养在灵隐寺附近杜明师家中，十五岁开始学佛，并由此与茶结缘。但这并不是说，灵隐、天竺的茶是谢灵运后才有的，而仅是最早的文字记载，杭州跨湖桥新石器时代遗址中就有茶树种籽出土，并且是与陶器等人类活动遗物一起发现的，不是自然的遗落，说明当时的茶树栽培是早在新石器时代就有了。

⑤睦州的桐庐茶和鸠坑茶。唐代睦州的鸠坑茶，《茶经・八之出》未及，但历史记载颇多。唐・李肇《唐国史补》载："茶之名品……睦州有鸠坑"。唐・杨华《膳夫经手录》载："睦州鸠坑茶，味薄，研膏绝胜霍者"。《韩墨金书》载："鸠坑，在黄光潭对涧，二坑分绕，鸠坑岭产茶，以其水蒸之，色香味俱臻妙境"。唐五代・毛文锡《茶谱》载："茶，睦州之鸠坑，极妙"。《严陵志》载：茶以"淳安鸠坑者佳，唐时称贡物。"有人认为，睦州鸠坑茶就是陆羽所说的桐庐茶，但明・万历《严州府志》载："按唐志，睦州贡鸠坑茶，属今淳安……宋朝既罢贡，后茶亦不其称。而分水县有地名天尊岩生茶，今为州境之冠。分水盖析于桐庐，鸿渐所云是已。"如此看来，桐庐茶与睦州鸠坑茶是两码子事，陆羽所说的是产于今桐庐县叫天尊岩地方的茶，至少明代时的学者是这样认识的。

⑥歙州的婺源茶。婺源是唐代著名的茶产区之一，其中有一款称"婺源方茶"的产品尤其有名。唐・杨华《膳夫经手录》载："婺源方茶，制置精好，不杂木叶，自梁、宋、幽并间，人皆尚之。赋税所入，商贾所赍，数千里不绝于道路。其先春含膏亦在顾渚茶品之亚列……"由此可见，唐时的"婺源方茶"是深受四川（梁）、江都南京（宋）、京都长安（幽）等地客商所崇尚的，也是国家税赋、商人融资等的重要产业。其中提到的"先春含膏"是"婺源方茶"中的顶级产品，其品质在膳夫杨华看来是仅次于顾渚紫笋的。

⑦润州江宁县的傲山茶。据《茶经・八之出》，傲山应该是在今南京市江宁区范围的，虽一时还难以考证，但当年陆羽曾在这里考察，并亲自采制茶叶，这是确定无疑的，并有唐・皇甫冉《送陆鸿渐栖霞寺采茶》一诗为证："采茶非采菉，远远上层崖。布叶春风暖，盈筐白日斜。旧知山寺路，时宿野人家。借问王孙草，何时泛碗花。"作者皇甫冉是陆羽的深交，其诗是说陆羽去采茶的山很高很远，早出晚归也只能采满一筐，有时还不得不借宿在山野人家……由此可见，当年陆羽对栖霞山的茶是十分肯定的，不然就不必如此辛

苦。栖霞寺在今南京市主城区北部的栖霞区（唐时为江宁县）栖霞山，又名摄山。摄山的茶古今有名，清·乾隆《江南通志》有"上元东乡摄山茶，味皆香甘"的记载。古上元即江宁，唐上元二年（761），江宁县曾一度更名为上元县。

⑧苏州的洞庭山茶。洞庭山是太湖中的东、西两岛，现是国家级的旅游风景区，自古就产名茶，也是唐代诗人皮日休、陆龟蒙等经常在此吟诗颂词和自采、自焙、自品当地名茶的地方。其中皮日休《崦里》诗中就有"罢钓时蕉菱，停缲或焙茗。峭然八十翁，牛计丁此永。苦力供征赋，怡颜过朝暝。洞庭取异事，包山极幽景"之佳句。崦里是村名，在东洞庭山。

第4节 剑南茶区

剑南：以彭州上（原注：生九陇县马鞍山至德寺、棚口，与襄州同）。绵州、蜀州次（原注：绵州龙安县生松岭关，与荆州同。其西昌、昌明、神泉县西山者并佳，有过松岭者，不堪采。蜀州青城生丈人山，与绵州同；青城县有散茶、木茶）。邛州次。雅州、泸州下（原注：雅州百丈山、名山，泸州泸川者，与金州同）。眉州、汉州又下（原注：眉州丹棱县生铁山者，汉州，绵竹县生竹山者，与润州同）。

译文

剑南[1]茶区：剑南茶区的茶，最上品的是产于彭州[2]的茶叶（原注译：产于九陇县[3]马鞍山至德寺[4]、棚口[5]的，与襄州同）。其次是产于绵州[6]、蜀州[7]的（原注译：产于绵州龙安[8]松岭关[9]的，与荆州同。其中产于西昌[10]、昌明[11]、神泉[12]三县西山[13]的茶，品质都很好。但过了松岭的，就不堪采摘了。产于蜀州青城县[14]丈人山[15]的，与绵州同。青城县有散茶、木茶）及邛州[16]产的茶叶。往下是产于雅州[17]、泸州[18]的茶叶（原注译：产于雅州百丈山[19]、名山[20]的，泸州泸川[21]的，与金州同）。再往下是产于眉州[22]、汉州[23]的茶叶（原注译：产于眉州丹棱县[24]铁山的，产于汉州绵竹县[25]绵竹山的，与润州同）。

释注

1. 剑南：唐代道名，唐初十道之一，这里是指剑南茶区。

2. 彭州：唐代州名，现为四川省辖县级市。

3. 九陇县：唐代县名，取九陇山为名，唐时隶属彭州。九陇山位于永新、宁冈、莲花、茶陵四县交界处。

4. 马鞍山至德寺：不详。但清《读史方舆纪要》有"彭县西三十里有至德山"的记载，并传唐代有释罗僧住至德山，故推断至德山就是马鞍山，至德寺就是当时以山为名的禅寺。

5. 棚口：不详。但栅口倒是有的，在彭州市鼓城西，盛产名茶。

6. 绵州：唐代州名，在今四川绵阳东，成都东北二百七十里，为省城门户。城东、北两面依涪江，南临安昌河。

7. 蜀州：唐代州名，领晋原、唐隆、青城、新津四县。今为崇州，四川省辖县级市。

8. 龙安县：唐代县名，隶属绵州，今在四川安县地方。

9. 松岭关：在龙安县西五十里。

10. 西昌：唐代县名，隶属绵州，今在四川安县东南花荄镇。

11. 昌明：唐代县名，隶属绵州，今在四川江油县附近。

12. 神泉：唐代县名，隶属绵州，今在安县南五十里。

13. 西山：岷山山脉的一部分。

14. 青城县：唐代县名，在今四川灌县南四十里，因境内有青城山而得名。

15. 丈人山：是青城山主峰。

16. 邛州：唐代州名，又称临邛、邛崃，是"南方丝绸之路"和"茶马古道"的第一站，素有"天府南来第一州"的美誉。唐时邛州在今四川邛崃、大邑一带，辖依政、临邛、蒲江、临溪、火井、安仁、大邑七县。

17. 雅州：唐代州名，隋置，因境内有雅安山而得名。唐时辖境相当于今四川雅安、名山、荣经、天全、芦山、小金等县地。

18. 泸州：唐代州名，辖泸川、富义、江安、合江、绵水五县。

19. 百丈山：山名，在今四川名山县东四十里。

20. 名山：山名，在今名山县北。

21. 泸川：唐代县名，在今四川泸州市及其周边。

22. 眉州：唐代州名，在今四川眉山、洪雅一带。

23. 汉州：唐代州名，即分四川省广汉市，时辖雒、什邡、德阳、绵竹、金堂5县。

24. 丹棱县：唐代县名，隋时置，唐时属眉州，今隶属于四川省眉山市。

25. 绵竹县：古县名，唐时属汉州，地处四川盆地西北部，背倚龙门山脉。

要点
解读

一、唐代的剑南茶区

唐代剑南道，治所在成都，因位于剑门关以南，故名。辖境相当今四川省大部，云南省澜沧江、哀牢山以东及贵州省北端、甘肃省文县一带。唐时剑南道辖一府四十一州，其中《茶经》中所涉主要的著名茶产区是彭州的九陇县，绵州的龙安、西昌、昌明、神泉四县，蜀州的青城县，邛州的太平县，雅州的名山县，泸州的泸川县，眉州的丹棱、彭山二县，汉州的绵竹县，计八州十二个县，涉及今重庆及四川彭县、绵阳、成都、邛崃、雅安、泸州、眉山、广汉。剑南茶区是世界茶叶的原产地，中国最古老的茶产区，其有文字记载的贡茶历史可上溯到三千多年前的商周时期。时至唐代，邛州、雅州、泸州一带则已经是著名的茶马交易中心了。

二、唐代剑南茶区的名茶简介

①彭州的至德茶和堋口茶。陆羽在注中说，至德茶产于"九陇县马鞍山至德寺"。唐时的九陇县大致相当于今四川彭州市，而马鞍山即至德山，又名茶笼山、丹景山。唐时山上有寺，名至德寺。堋口茶产于茶笼山堋口，又名棚口，在今四川彭州市丹景山、三昧水一带，是山区和平原的过渡带。堋口所产的"石花"和"仙崖"是堋口茶中上品，曾为贡茶送往京城。唐五代·毛文锡的《茶谱》记载："彭州有蒲村、堋口、灌口，其园名仙崖、石花等。其茶饼小，而布嫩芽如六出花者。"

②绵州松岭关的龙安茶和西山茶。根据陆羽的记述理解：松岭关应该是山名，松岭关龙安县境内段所产之茶质优同荆州；松岭关在西昌、昌明、神泉三县境内段叫西山，这里产的茶也是同等优秀的，但过了松岭关质量就差了。对此，毛文锡《茶谱》也有记载："龙安有骑火茶，最为上品。骑火者，言不在

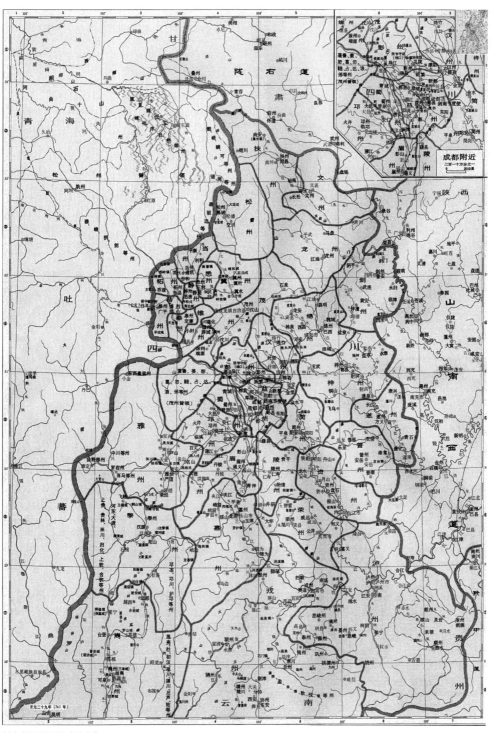

剑南茶区范围图（北部）

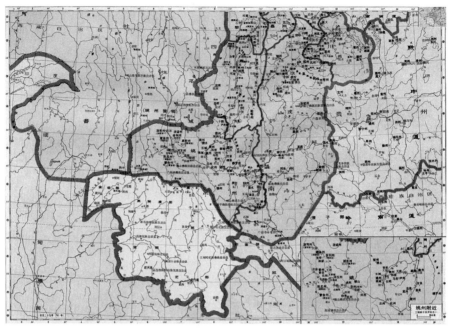

剑南茶区范围图（南部）

火前，不在火后作也。"至于绵州西昌、昌明、神泉三县的西山茶，应该就是唐·李肇《国史补》中的神泉小团、昌明茶及兽目茶："东川有神泉小团、昌明、兽目"。明《潜确类书》也有类似记载："东川之兽目，绵州之松岭……此皆唐、宋时产茶地及名也。"唐·白居易《春尽日》诗中也有"渴尝一碗绿昌明"句，这句中的"昌明"，指的就是产于昌明县的西山茶。"兽目"，是山名，亦称青岩山，在今四川安县（即唐龙安）西部。唐时的"东川"是一个很大的区域，唐至德二年（757）时分剑南道为东、西两川，绵州隶属东川，故有"东川有神泉小团……"一说。

③蜀州青城县丈人山的散茶和末茶。丈人山又名青城山，在四川青城县（今灌县）境内，县以山名。青城山是唐时著名的名茶产地，毛文锡《茶谱》记载："蜀州晋原、洞口、横源、味江、青城，其横源雀舌、鸟嘴、麦颗，盖取其嫩芽所造，以其芽似之也。又有片甲者，即是早春黄茶，芽叶相抱，如片甲也；蝉翼者，其叶嫩薄，如蝉翼也。皆散茶之最上也。"《茶谱》记载中的所谓雀舌、鸟嘴、麦颗、片甲、蝉翼等都是唐时蒸青散茶类名茶，也都是极其细嫩芽叶加工而成的茶中珍品，但煮饮时仍要碾罗成末茶，唐·周庠《寄禅月大

师》诗中有"傍竹欲添犀浦石，栽松更碾味江茶"句。

④邛州茶。邛州，一名邛崃，是唐时"南方丝绸之路""茶马古道"的第一站，有"天府南来第一州"之美誉。邛州产茶历史悠久，最早可追溯至秦汉时期，西汉·王褒《僮约》中有"烹茶尽具……武阳买茶"的记述。武阳，旧县名，唐时改名彭山。邛崃自唐代开始就被称为万担茶乡，同时也是名茶之乡。唐五代·毛文锡的《茶谱》有："邛州之临邛、临溪、思安、火井，有早春、火前、火后、嫩绿等上中下茶"的记载。宋·《元丰九城志》有："邛崃火井茶场，邛州贡茶，造茶成饼，二两，印龙凤行于上，饰以金箔，每八饼为一斤，入贡，俗名砖茶"的记载。2009年，一枚产自唐·开元六年的邛州砖茶现身成都，这应该是目前所知存世最久的古代饼茶了。

⑤雅州的蒙顶茶。陆羽在《茶经·八之出》的注中说，产自"雅州百丈山、名山"的茶叶"与绵州同"，但实际上应该是蜀茶之最，曾与顾渚及紫笋齐名，其中又以产于蒙山顶的为最，茶以山名，故称之为蒙顶茶。蒙山在名山西部，百丈山在名山东北部，都在今雅安市境内。唐代是蒙顶茶的鼎盛时期，唐天宝元年（742）开始入贡皇室。对此，唐·李吉甫《元和郡县图志》中有蒙顶茶"今每岁贡茶，为蜀之最"的记载。唐·杨晔《膳夫经手录》有："蜀茶得名蒙顶，于元和以前束帛不能易一斤先春蒙顶"的记述。唐·李肇《唐国史补》有："剑南有蒙顶石花，或小方或散芽，号为第一"的记载。唐五代·毛文锡《茶谱》中有："雅州百丈、名山二处，茶尤佳"的记述。唐诗人白居易《琴茶》诗中有"琴里知闻唯绿水，茶中故旧是蒙山"的高度评价。

⑥泸州的泸茶。泸茶又名纳溪茶，产于泸州纳溪，唐称泸川，大致相当于今泸州市的泸川区，是唐代名茶。唐五代·毛文锡的《茶谱》载："泸州之茶树，夷獠常携瓢寘（置的异体字）侧。每登树采摘芽茶，必含于口中，待其展，然后置于瓢中，旋塞其窍。归必置于暖处，其味极佳。又有粗者，其味辛而性熟。彼人云：饮之疗风。通呼为泸茶。"由此看来，唐时泸川的野生大茶树资源还挺丰富的。其采摘也实属特别，当地少数民族（夷獠）是带着葫芦瓢具，爬到树上去采的，而不是"伐而掇之"（《茶经·一之源》）。采下的嫩芽要先含在口中，待其舒展了再放进葫芦里盖好。

⑦眉州丹棱县的铁山茶。眉州，现为眉山市，辖丹棱、彭山等六个区县。至于陆羽在《茶经·八之出》中所注的丹棱县"铁山"，目前还一时无考，网闻在今丹棱县顺龙乡虎皮寨一带。但唐时丹棱县盛产名茶是有记载的，有饼茶也有散茶。如唐五代·毛文锡的《茶谱》载："眉州洪雅、昌阖、丹棱，其茶如蒙顶制饼茶法。其散者，叶大而黄，味颇甘苦，亦片甲、蝉翼之次也。"

⑧汉州绵竹县的竹山茶。陆羽笔下的"绵竹县生竹山者"，估计就是产于该县的赵坡茶，属唐时名茶，曾与峨眉白芽、雅安蒙顶并称珍品（据《中国茶叶大词典》）。《绵竹县志》有："绵北马跪寺前左右青龙、白虎二山产茶甚佳，邑商采配作边引，行销松茂等地"的记载。及宋，赵坡茶还是很有名的，《宋史·卷一百八十四·志第一百三十七·食货下六》有："蜀茶之细者，其品视南方已下，惟广汉之赵坡，合州之水南，峨眉之白芽、雅安之蒙顶，士人亦珍之，但所产甚微……"的记载。

第 5 节 浙东茶区

原文

　　浙东：以越州上（原注：余姚县生瀑布泉岭曰仙茗，大者殊异，小者与襄州同）。明州、婺州次（原注：明州鄮县生榆荚村，婺州东阳县东目山，与荆州同）。台州下（原注：台州丰县生赤城者，与歙州同）。

译文

　　浙东[1]茶区：浙东茶区的茶，最为上品的是产于越州[2]的茶叶（原注译：产于余姚[3]县瀑布泉岭[4]的茶叶叫"仙茗"，其中的大叶茶很特殊，且品质优异；小叶茶与襄州产的茶同）。其次是产于明州[5]、婺州[6]的茶叶（原注译：产于明州鄮县[7]榆荚村[8]的茶叶、婺州东阳县[9]东目山[10]的茶叶，与荆州产茶同）。往下是产于台州[11]的茶叶（原注译：产于台州丰县[12]赤城[13]的茶叶，与歙州产的茶同）。

释注

1. 浙东：唐代浙江东道的简称，这里是指浙东茶区。

2. 越州：唐朝武德四年后的越州，州治在会稽，辖会稽、诸暨、剡城、嵊州、姚州、鄞州六县（州）。

3. 余姚：从唐初的姚州中析出，辖境相当今浙江省余姚市。

4. 瀑布泉岭：在今余姚市西南，山崖陡峭，有泉自岭巅飞泻而下，故名。

5. 明州：唐开元时置，辖慈溪、翁山（今舟山定海）、奉化、鄞县四个县，州治设在鄞县（今宁波市鄞江区鄞江镇）。

6. 婺州：金华古称，隋置，唐时辖金华、兰溪、东阳、义乌、永康、武义、浦江、汤溪八县。

7. 鄞县：古县名，唐开元后的鄞县相当于今宁波市的鄞州区。

8. 榆荚村：不详。

9. 东阳县：唐万历时的东阳县，相当于今浙江金华市的东阳市（县级市），及今磐安县的东北部等地方。

10. 东目山：估摸即今之东白山。东白山主峰位于浙江省中部东阳市虎鹿镇境内，系会稽山脉最高峰，海拔1194.6米，为浙中名山之首。

11. 台州：唐代乾元后的台州，其辖地相当于今临海、黄岩、温岭、仙居、天台、宁海等县市。

12. 丰县：估摸为始丰县之误。唐时的始丰县大致就相当于今之天台市。

13. 赤城：山名，在今天台市北。

要点解读　　　**一、唐代的浙东茶区**

　　浙东，是浙江东道的简称，但这里是浙东茶区的意思。浙江东道是唐代后期才有的建制，唐乾元元年（758）拆江南东道为浙江东道、浙江西道和福建道，浙江东道领新安江以南、福建道以北的原江南东道地，包括今浙江省除浙北之外的所有地方，即越、台、衢、睦、婺、明、处、温八州。浙东茶区州州有茶，其中《茶经·八之出》中涉越、台、婺、明四州。

浙东茶区范围图

二、唐代浙东茶区名茶简介

①越州余姚县的瀑布泉岭仙茗。瀑布泉岭，即《茶经·七之事·神异记》中那位道士所指的瀑布山，并说有"大茗"。该山地处余姚市梁弄镇南四公里的白水冲大瀑布之上，这应该是浙江有文字记载的，最早的名茶产地。瀑布泉岭上也确有道士山，有报道说：余姚茶界在道士山发现了大批古代茶树，现已被列入瀑布仙茗的古茶树保护区。

②越州的剡溪茶。剡溪茶在陆羽《茶经·八之出》中未列，或许是以越州茶概括了，但剡溪茶在唐时可真是出了名的，陆羽至友皎然的茶道诗《饮茶歌诮崔石使君》中所吟的就是"剡溪"茶。诗曰："越人遗我剡溪茗，采得金芽爨金鼎。素瓷雪色缥沫香，何似诸仙琼蕊浆。一饮涤昏寐，情思朗爽满天地。再饮清我神，忽如飞雨洒轻尘。三饮便得道，何须苦心破烦恼。此物清高世莫知，世人饮酒多自欺。愁看毕卓瓮间夜，笑向陶潜篱下时。崔侯啜之意不已，狂歌一曲惊人耳。孰知茶道全尔真，唯有丹丘得如此。"剡溪，水名，在今浙江嵊州市境内，而剡溪茗也从此因皎然的诗而扬名。

③明州鄞县的明州茶。陆羽在注中说：明州茶产于"鄞县榆筴村"。鄞县即今之宁波市的鄞州区。至于榆筴村，据当地人说就是今鄞州区的甲村村，由甲村、郏家埭、西王埭、应家埭、孟家埭五个自然村组成，与今福泉山茶场呼息相望。

④婺州东阳县的东白茶等。东白茶是唐代贡茶，产于今浙江东阳市的东白山（即陆羽所说的"东目山"），及磐安县的大磐山一带。唐·李肇《国史补》中有"婺州有东白"的记载。此外，唐五代·毛文锡的《茶谱》中还有"婺州有举岩茶，片片方细，所出虽少，味极甘芳，煎如碧乳"的记载。明·李时珍《本草纲目·集解》在列举唐代名茶时也有"金华之举岩"的记载。举岩茶产于今浙江金华北山村一带。产地峰石奇异，巨岩耸立，犹如仙人所举，故名"举岩茶"。

⑤台州丰县的赤城茶。赤城，山名，在今浙江天台市西北，为天台山南门，因山上有赤石屏列如城，望之如霞，故名。天台产茶历史悠久，据传早在东汉，道士葛玄就在华顶山植茶。大凡在唐宋时期，赤城也是台州的雅称，如宋代台州的台州总志就称《赤城志》。所以，陆羽笔下的赤城茶也即天台茶，而以产于赤城山的最为有名罢了。天台茶不仅唐代有名，至宋代也盛名不衰。宋·《嘉定赤城志·卷第三十六》有云："茶。按陆羽《茶经》台、越下注云：'生赤城山者与歙同'，桑庄《茹芝续茶谱》云：'天台茶有三品，紫凝为上，魏岭次之，小溪又次之。紫凝今普门也，魏岭天封也，小溪国清也。'而宋公祁《荅如吉》茶诗有'佛天雨露，帝苑仙浆'之语，盖盛称茶美而不言其所出之处。今紫凝之外，临海言延群山，仙居言白马山，黄岩言紫高山，宁海言茶山，皆号最珍。而紫高茶山，昔以为在日铸之上者也。"

第6节 黔中、江南、岭南茶区

原文

黔中：生思州、播州、费州、夷州。

江南：生鄂州、袁州、吉州。

岭南：生福州、建州、韶州、象州（原注：福州生闽方山之阴县也）。

其思、播、费、夷、鄂、袁、吉、福、建、韶、象十一州未详。往往得之，其味极佳。

译文

黔中茶区：黔中[1]茶区的名茶产地有：思州[2]、播州[3]、费州[4]、夷州[5]。

江南茶区：江南[6]茶区的名茶产地有：鄂州[7]、袁州[8]、吉州[9]。

岭南茶区：岭南[10]茶区的名茶产地有：福州[11]、建州[12]、韶州[13]、象州[14]（原注译：福州的名茶产于闽方山之阴[15]）。

对于以上三个茶区中的思、播、费、夷、鄂、袁、吉、福、建、韶、象这十一州所产的茶，还不太清楚，有时得到一些，品尝之下，觉得味道非常之好。

释注

1. 黔中：唐代道名，开元二十一年（733）从原江南道中析出，在此是指黔中茶区。

2. 思州：唐代州名，唐贞观四年（630）置，辖今贵州务川、沿河、印江和重庆酉阳、秀山等县地。

3. 播州：唐代州名，贞观十三年（639）置，辖地相当于今贵州遵义市部分地区。

4. 费州：唐代州名，贞观四年（630）复置，治所在今贵州德江东南，辖涪川、扶阳二县。

5. 夷州：唐代州名，唐置，辖地相当于今贵州遵义及铜仁市一带。

6. 江南：江南西道的简称，在此是指江南茶区。唐时江南道的变迁是很复杂的。唐初为长江之南意，东临海，西抵蜀，南极岭。开元二十一年（733）被分为江南东、西和黔中三道。乾元元年（758），江南东道被拆分为浙江东、西和福建三道。而江南西道在安史之乱后，几经拆分，到乾元时也几乎只剩今江西和湖北部分地区了。

7. 鄂州：唐代州名，辖区相当于今湖北武汉长江以南部分以及黄石和咸宁。

8. 袁州：唐代州名，辖区相当于今江西萍乡和新余以西的袁水流域。

9. 吉州：唐代州名，辖区相当于今江西新干、泰和间的赣江流域，及安福、永新等地。

10. 岭南：唐代道名，贞观元年（627）置，在此是指岭南茶区。

11. 福州：唐代州名，唐时辖境相当于今福建龙溪口以东的闽江流域及洞官山以东地区。

12. 建州：唐代州名，唐时辖境相当于今福建南平以上，除沙溪中上游以外的闽江流域。

13. 韶州：唐代州名，唐时辖境相当于今广东韶关及曲江、乐昌、仁化、南雄、翁源地。

14. 象州：唐代州名，唐时辖境相当于今广西象州县。

15. 原文"闽方山之阴县也"，疑无"县"字。闽方山：闽即闽县，旧县名，大致为今福州市区和闽侯县的一部分；方山在闽县境内。

要点
解读

一、唐代的黔中、江南和岭南茶区

①黔中茶区。黔中地区原是唐初江南道的一部分，时在唐开元二十一年（733），江南道被分为江南东、江南西、黔中三道。唐时黔中道的治所在今重庆市彭水苗族土家族自治县，辖领黔、辰、锦、施、巫、业、夷、播、思、费、南、溪、溱、珍、充等州，即今贵州大部，及重庆、湖北、湖南小部。黔中茶区自古就是一个著名茶区，《茶经·七之事·傅巽〈七海〉》所说的"南中茶子"的所谓"南中"，在历史上指的就是今云南、贵州和四川西南部。黔中茶区几乎州州产茶，但陆羽在《茶经·八之出》中仅列思、播、费、夷四州，认为"其味极佳"。

②江南茶区。江南茶区的所谓"江南"，并不是唐初江南道的那个江南，同上面的黔中道一样，是唐开元二十一年（733）从江南道中划分出来的，叫江

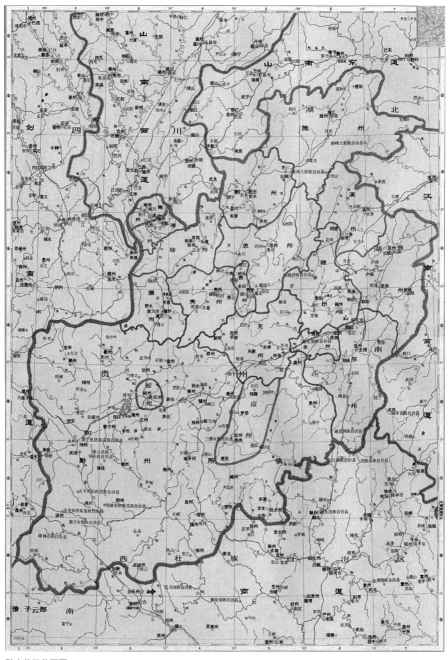

黔中茶区范围图

南西道。唐时江南西道的治所在洪州（今南昌），领宣、饶、抚、虔、鄂、江、洪、袁、吉、澧、朗、岳、潭、衡、郴、邵、永、道、连州，共十九州，大

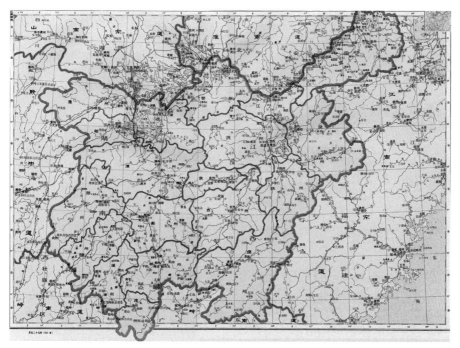

江南茶区范围图

致相当于今江西、湖南大部及湖北、安徽南部地区（除徽州）。在以上十九州中，陆羽认为鄂、袁、吉三州所产的茶"其味极佳"。

③岭南茶区。唐时岭南道的治所在今广州，所辖州有：福、泉、建、汀、漳五州（开元时期改隶江南东道），以及广、冈、潮、韶、循、端、新、恩、春、勤、泷、康、封、高、窦、辩、潘、罗、雷、崖、儋、振、万安、琼、白、山、廉、钦、陆、桂、蒙、昭、富、梧、贺、藤、义、容、禺、牢、党、平琴、郁林、贵、绣、龚、浔、象、柳、融、环、宜、芝、澄、严、宾、横、淳、邕、田、笼、瀼、岩、古、思唐、汤、武峨、武安、长、峰、福禄、交、爱、骥七十四州。其辖境相当于今福建全部、广东全部、广西大部、云南东南部，及越南的北部地区，可见其范围之广。岭南茶区是我国最适宜茶树生长，和重点的产茶区域之一，其中特别是产于福、建、韶、象四州的茶叶，陆羽认为"其味极佳"。

二、唐代黔中、江南、岭南三茶区名茶简介

大凡是受当时的历史条件限制，陆羽没有到过黔中茶区，也没到过江南

岭南茶区范围图

和岭南茶区。所以，陆羽在《茶经·八之出》中也直言对这三个茶区情况不详。当然，也不是完全不知，而是"往往得之，其味极佳。"故而是属不全面而已。对于这三大茶区的唐代名茶，陆羽点出了"其味极佳"的思、播、费、夷、鄂、袁、吉、福、建、韶、象，计十一个州。

①黔中茶区的思州茶。唐代思州，在今贵州沿河土家族自治县城东，辖今贵州务川、沿河、印江和重庆酉阳、秀山等县地。思州茶，除陆羽在《茶经》中有"味极佳"的评价外，在后世的北宋《太平寰宇记》中也有记载说：唐代"夷、思、播三州贡茶"。务川是唐时思州的治所，该县多大茶树，所产之茶名高树茶，又名都濡高株茶，其品自古有名。北宋·黄庭坚的《阮郎归》有诗赞曰："黔中桃李可寻芳，摘茶人自忙。月团犀腌斗圆方，研膏入焙香。青箬裹，绛纱囊，品高闻外江。酒阑传碗舞红裳，都濡春味长。"

②黔中茶区的播州茶。唐时黔中道所属的思、播、费、夷四州是边界相连的，就是在娄山东麓到乌江沿岸一带，名之为大娄山山区。大娄山是茶树原产地，庄晚芳先生在他的《茶叶大全》中说："茶叶起源中心是在云贵高原大娄山脉的山区，是茶树原产地主要区域，其他则为演化地区"。其中产于今贵州遵义一带的，古称播州茶，又名播州黄茶，北宋《太平寰宇记》有唐代"播州

土生黄茶"的记载。

③黔中茶区的费州茶。费州茶产于今贵州铜仁市思南、德江县一带。铜仁，古属巴国范围，产茶历史悠久，早在东晋·《华阳国志·巴志》中就有"武王既克殷，以其宗姬于巴……其地……土植五谷……茶、蜜……皆纳贡之"的记载。

④黔中茶区的夷州茶。据《旧唐书》，唐乾元后的夷州领县有五："绥阳、都上、义泉、洋川、宁夷"，即今贵州遵义市的绥阳县、湄潭县、凤冈县，铜仁市的石阡县等地方。现今湄潭是贵州茶业第一县。铜仁市的石阡县是我国最古老的茶区之一，多古茶树，现今的石阡苔茶就是从古茶树中选育出来的地方良种。

⑤江南茶区的鄂州茶。唐时鄂州辖境大约含今湖北黄石、咸宁两市的咸宁、阳新、通山、通城、嘉鱼、武昌、鄂城、崇阳、蒲圻等县。鄂州是我国古老茶区之一，特别是武昌，《茶经·七之事·续搜神记》中就记载着"晋武帝时，宣城人秦精，常入武昌山采茗，遇一毛人长丈余，引精至山下，示以丛茗而去……"的故事。唐五代·毛文锡《茶谱》中还有"鄂州之东山、蒲圻、唐年县皆产茶，黑色如韭叶，极软，治头疼"的记载。

⑥江南茶区的袁州茶。唐时袁州的治所在宜春，领宜春、萍乡、新渝3县。据明·李时珍《本草纲目·集解》，袁州的界桥茶是唐代的"吴越名茶"之一。唐五代·毛文锡的《茶谱》记载："袁州介桥，其名甚著，不若湖州之研膏、紫笋，烹之有绿脚下……"可见界桥茶在某些方面甚至是可以与湖州紫笋茶媲美的。界桥，一名介桥，在今分宜县城郊东南角，背倚袁岭。分宜，因历史上是从古宜春县分出而得名。

⑦江南茶区的吉州茶。吉州茶在唐、宋、明时期均为贡茶。对此，唐《元和郡县志》有："吉州贡茶"的记载。清·康熙《吉水县志·田赋》也载："岁贡：按旧志，吉州……在宋贡茶……明兴，不以前代为例，皆因土地所产之宜。初贡角弓、弦箭、硝皮、生丝、净绢、各色茶芽一十五两……惟茶芽岁贡不绝。"

⑧江南茶区的渠江薄片。渠江薄片在《茶经·八之出》中未提，但它却确实是唐代著名的茶产之一。有说渠江薄片在汉代时就已经是朝廷贡茶，故而又名"渠江皇家薄片"。渠江薄片产于雪峰山脉的湖南新化，安化一带，唐时属潭州和邵州境，唐五代·毛文锡《茶谱》中有："潭、邵之间有渠江，中有茶……其色如铁，芳香异常，烹之无滓也。"又"渠江薄片，一斤八十枚"的记载。

⑨岭南茶区的福州茶。唐时，福州有腊面茶、方山露芽、唐茶、柏岩茶、黄茶等贡茶。《唐书·地理志》云："福州贡腊面茶，盖建茶未盛以前也。"意即福州腊面茶是比建州茶还要早的著名贡茶。方山露芽也极为著名。对此，唐·李肇《国史补》有"福州有方山之露芽"的记载。唐五代·毛文锡《茶谱》也有："福州方山露牙"的记载。宋·淳熙《三山志》引《球场山亭记》载："唐宪宗元和间，诏方山院僧怀恽麟德殿说法，赐之茶。怀恽奏曰：'此茶不及方山茶佳'。则方山茶得名久矣。"由此可见，当时的"方山露芽"是贡茶之上品。唐茶的记载见于明·弘治《八闽通志》的土贡篇："福州府，唐茶"。柏岩茶则在该《志》的物产篇中："福州府茶，诸县皆有之，闽之方山、鼓山，侯官之水西，怀安之风同尤盛。"其中鼓山所产的茶就称"柏岩茶"。唐五代·毛文锡《茶谱》中也有"福州柏岩极佳"的记载。黄茶的记载见著于唐·杨晔《膳夫经手录》："福州生黄茶，不知在彼味峭。上下及至岭北，与香山明月为上下也。"

⑩岭南茶区的建州茶。建州茶历史悠久，早在商周时，武夷茶就随"濮闽族"君长会盟伐纣时进献给周武王了。唐·孙樵在《送茶与焦刑部书》中说："晚甘侯，十五人遣侍斋阁，此徒皆请雷而摘，拜水而和，盖建阳丹山碧水之乡，月涧云龛之品，慎勿贱用之。"此《书》中的"晚甘侯"，即是武夷茶的雅称，也是建州茶最早的文字记载。武夷茶也称腊面茶，唐·徐夤《谢尚书惠腊面茶》赞云："武夷春暖月初圆，采摘新芽献地仙。飞鹊印成香腊片，啼猿溪走木兰船。金槽和碾沉香木，冰碗轻涵翠缕烟。分赠恩深知最异，晚铛宜煮北山泉。"此外，建州茶作为唐代贡茶的记载，还见著于唐·杨晔的《膳夫经手录》，及唐五代·毛文锡的《茶谱》。其中，《膳夫经手录》说："建州大团，状类紫笋，又若今之大胶片。每一轴十斤余，将取之，必以刀刮，然后能破。

味极苦，唯广陵、山阳两地人好尚之，不知其所以然也，或曰疗头痛，未详，已上以多为贵。"《茶谱》："建州北苑先春龙焙。""建州福建建瓯方山之露芽及紫笋，片大极硬，须汤浸之，方可碾。治头痛，江东老人多味之。"可见，方山是处于福州与建州交界处的，所以建州茶也称方山露芽，一名紫笋。

⑪岭南茶区的韶州茶。唐代韶州，在今广东省北部。韶州茶是唐时的名茶之一，但除陆羽在《茶经·八之出》中说："岭南生……韶州……其味极佳"外，目前还尚无其它史料。史上的韶州茶以产于乐昌的白毛茶最为有名，《乐昌县志》卷五说："白毛茶，叶有白毛，故名……茶辄变潮水色，相传神享其色变，不享其色不变，历验不爽，亦奇事也。"据当地民间传说，这"神"就是陆羽，说陆羽当年曾到过乐昌，并在乐昌西石岩洞内壁题"枢室"二字。

⑫岭南茶区的象州茶。象州，现为县，隶属广西壮族自治区来宾市。民国《象县志·林产》载："象地宜茶，载于陆羽《茶经》，洵非虚构，盖本县境内，皆可种茶，而所产茶叶，以色香味三者言之，实不让各地名种。"

茶经解读

茶经卷 **下** · 九之略

（茶事活动筹备概略）[1]

其造具。若方春禁火之时，于野寺山园，丛手而掇，乃蒸，乃舂，乃复以火干之，则又棨、朴、焙、贯、棚、穿、育等七事皆废。

其煮器。若松间石上可坐，则具列废。用槁薪、鼎㽅之属，则风炉、灰承、炭檛、火筴、交床等废。若瞰泉临涧，则水方、涤方、漉水囊废。若五人已下，茶可末而精者，则罗合废。若援藟跻岩，引絙入洞，于山口炙而末之，或纸包合贮，则碾、拂末等废。既瓢、碗、筴、札、熟盂、醆筥悉以一筥盛之。则都篮废。

但城邑之中，王公之门，二十四器阙一，则茶废矣。

关于制茶工具的准备：（对于自采、自造、自煮、自饮而言）如若正当早春寒食节禁火[2]期间，可到野外寺院（注：寺院中没有寒食节习俗）的茶山上去，大家一齐动手采摘[3]，当即蒸熟，捣透，用火烘烤干燥（然后就可煮饮了）。那么，在这种情况下，棨（穿茶饼用的锥刀）、朴（解送茶饼竹条）、焙（焙茶时的火坑）、贯（烘烤时穿茶饼用的竹条）、棚（火坑上的棚架）、穿（穿茶成串的绳索）、育（藏养饼茶的专用烘箱）等七道工序及所需的工具就全都不必要了[4]。

关于煮茶用器的准备：（对于野外茶事活动而言）如若在松下林间恰好有石作床可陈列诸器[5]，那么，在这种场合下具列（茶床，相当于今之茶道桌）就不必要了。如若现场有现成的柴及鼎、锅一类可用，那么，风炉、灰承、炭檛、火筴、交床等就不必要了。如若是在泉旁溪边等用水方便处煮饮，那么水方、涤方、漉

李公麟《山庄图》（局部·图十四）

水囊等就不必要了。如若是五人以下结伴出游，而精美的茶末又已预先准备好了，那么罗合就不必要了。如若想要攀藤附葛⁶，并借助绳索进入山崖洞穴中⁷去煮饮的话，那就应在攀崖前完成饼茶的炙、碾、罗等准备工作，然后用纸或盒把末茶包装好带上就是，那么茶碾、拂末等就不必要了。而且，既然是这样话，那你干脆把瓢、碗、筴、札、熟盂、醮簋（盐罐）等都统统都装进筥中打包（往身上一背），那么连都篮也不必要了。

但是，如果在城市之中，特别是在王公贵族之家举办煮饮活动，那是二十四器都不能缺的，缺少任何一器的话，则肯定就不完美⁸了。

释注

1. 原题"略"：略，作为本章的标题，根据所叙内容，今译为"茶事活动筹备概略"。略，在这里是形容词，是对某事或物作简单扼要叙述的意思。如《广韵》曰："用功少者皆曰略"，刘知几《史通》曰："加一字太详，减一字太略"等。
2. 原文"方春禁火"。方春是早春的意思。禁火即禁火节，是寒食节的别称。寒食节在清明节的前一、二天，是日民间禁烟火，只吃冷食（不针对寺庙）。
3. 原文"丛手而掇"。丛手即众手，也即大家一起动手。掇，在此是采摘的意思。
4. 原文"废"。这里是不必要的意思。
5. 原文"石上可坐"。古时"坐"与"座"通。座，是指放在器物底下的垫，即底座的意思。而这里是特指可用来放置诸茶器的，上有平面的大岩石。
6. 原文"援藟跻岩"。藟，即藤蔓。跻，是登的意思。
7. 原文"引絙入洞"。絙，大绳索。
8. 原文也是"废"。但这里是废残的意思，也即残缺破损，不完美的意思。

要点解读　　一、钟情山水的陆羽茶道
《茶经·九之略》是略谈茶事活动筹备的，但根据陆羽笔风，他完全可以把它分别结合在"二之具""三之造""四之器""五之煮"中一起阐述。至于为什么非要单独成章，这可能又要与陆羽著《茶经》的

初衷联系起来了，他崇尚的是茶道，而且是崇尚"精行俭德"之茶道。在此章中，陆羽将茶事活动明确地分成两大类，其一是钟情山水的，也是陆羽所崇尚的茶道；其二是精致规范的贵族茶道，或说宫廷茶道。陆羽对于这两种茶道的叙述，虽然都属概略，但对"城邑之中，王公之门"的贵族茶道是略而又略的，仅以"二十四器阙一，则茶废矣"十字了事，颇有点只是出于人有其类，茶有其品，各有所宜，顾全罢了的意思。显而易见，陆羽在此问题上的立场取向是很鲜明的，他所推崇的是一种道高于艺，人品高于茶品，内容高于形式，崇尚天人合一的，力求人品、茶品与自然高度协调的茶道类型。但鉴于当时的社会背景，崇尚这一茶道的，大多是些有隐逸背景的文人雅士，或者是僧道中人而已。他们虽有抱负，却无力回天，但又不甘与世俗为伍，于是就长年钟情山水，赋诗撰文叙发内心情感，洁身自好。当然，这种处世哲学在儒家的孔孟之道中也是有其根据的，如《孟子·滕文公下》就说："居天下之广居（朱熹："广居，仁也"），立天下之正位，行天下之大道，得志与民由之，不得志独行其道，富贵不能淫，贫贱不能移，威武不能屈。此之谓大丈夫也。"看来，不得志时，钟情山水，洁身自好，也不失为"独行其道"的方式之一。

二、赏析几例道味很浓的山水茶诗

①唐·刘禹锡的《西山兰若试茶歌》："山僧后檐茶数丛，春来映竹抽新茸。宛然为客振衣起，自傍芳丛摘鹰觜。斯须炒成满室香，便酌砌下金沙水。骤雨松声入鼎来，白云满碗花徘徊。悠扬喷鼻宿酲散，清峭彻骨烦襟开。阳崖阴岭各殊气，未若竹下莓苔地。炎帝虽尝未解煎，桐君有箓那知味。新芽连拳半未舒，自摘至煎俄顷馀。木兰沾露香微似，瑶草临波色不如。僧言灵味宜幽寂，采采翘英为嘉客。不辞缄封寄郡斋，砖井铜炉损标格。何况蒙山顾渚春，白泥赤印走风尘。欲知花乳清泠味，须是眠云跂石人。"作者刘禹锡，是与陆羽同时代的人，史称诗豪，前半生位极人臣，后因永贞革新三起三落，辞官隐退。刘禹锡的《西山兰若试茶歌》，算得上是对陆羽"方春禁火之时，于野寺山园"举行茶事活动的生动描述。该诗题中的"兰若"即"阿兰若"，佛教名词，原意是森林，引申为"寂静处""空闲处""远离处"，躲避人间热闹处等，但一般都泛指普通佛寺。众所周知，明前茶，特别是江、浙一带的明前茶是弥足珍贵的，一为抢新尝鲜，二为品质高雅。况且，方春三月正是湖光山色，鸟语花香的季节，也正是一年中最好的春游季节。至于寒食节禁火，那是对民间而言

的，所以作者就选择到"兰若"去自采、自造、自煮、自饮了，况且这也是一件诗情画意，特别享受的事。作者在诗中说"斯须炒成满室香……自摘至煎俄顷馀。"说明这种茶是鲜叶经蒸汽杀青、杵臼捣烂后，就直接在锅中焙干的，工艺上简单快捷。"俄顷"，即片刻、一会儿的意思。当然，如此一来，所有的饼茶成型工具、穿孔工具、烘焙工具、成串工具、藏养工具等全都不必要了。当然，这样的茶是比不上精心焙烤的，但对作者而言，是人好茶就好，意境胜琼浆的。

②唐·钱起《与赵莒茶宴》："竹下忘言对紫茶，全胜羽客醉流霞。尘心洗尽兴难尽，一树蝉声片影斜。"作者钱起，史称大历十才子之冠。这首诗可算是"茶宴"的最早记载，说的是作者曾与赵莒一块举办茶宴，地点是选在环境优雅的竹林，但并不模仿当年"竹林七贤"那样饮酒狂欢，而是以茶代酒，煮饮着曾被陆羽推荐为贡茶的顾渚紫笋，二人在对饮中荡尽了昏寐，洗净了"尘心"，以致越谈越有兴致，越饮越觉得比流霞仙酿更美，在一片蝉鸣声中边饮边谈，直到夕阳西下。

③唐·灵一《与元居士青山潭饮茶》："野泉烟火白云间，坐饮香茶爱此山。岩下维舟不忍去，青溪流水暮潺潺。"作者灵一，僧人，曾居余杭宜丰寺，是陆羽隐居余杭径山著《茶经》时结交的"尘外之友"。据说，当年陆羽之所以隐居径山著《茶经》，在某种程度上就是由于得到了灵一的帮助。该诗说明，灵一也是一个钟情山水的茶人，他与元居士划着小船到一个叫青山潭的地方，在"野泉烟火白云间"的意境中煮饮香茶，于是就都被这里的潺潺山泉及青山美景所吸引住了，连那身边系着的小船也不忍离去。此诗表明，茶人之饮并非全为口福，更重要的是为获得某种精神上的享受。也即，茶人之意不在茶。

④唐·皎然《九日与陆处士饮茶》："九日山僧院，东篱菊也黄。俗人多泛酒，谁解助茶香。"该诗描写作者与陆羽

在一处山野寺院共度重阳佳节的情景，按民间风俗是要饮黄花酒的，但他俩不同，依然是以茶代酒，并发出"谁解助茶香"的感叹。作者皎然，陆羽的忘年之交，尤其在茶道问题上，他俩是一拍即合的良师益友。显然，皎然诗中的"茶香"是指陆羽的茶道，但在他俩看来，能解的人不多。正如皎然在另一首诗——《饮茶歌诮崔石使君》中所感叹的那样："此物清高世莫知，世人饮酒多自欺。愁看毕卓瓮间夜，笑向陶潜篱下时。崔侯啜之意不已，狂歌一曲惊人耳。孰知茶道全尔真，唯有丹丘得如此。"

茶经解读

茶经卷 下 · 十之图

（为了茶经的初衷）¹

原文

以绢素或四幅或六幅，分布写之，陈诸座隅，则茶之源、之具、之造、之器、之煮、之饮、之事、之出、之略，目击而存，于是《茶经》之始，终备焉。

译文

用素色绢绸，四幅或者六幅，把《茶经》抄写出来，并将它们张挂在茶座之侧。这样一来，《茶经》的之源、之具、之造、之器、之煮、之饮、之事、之出、之略等就一目了然，于是《茶经》的初衷²，就终于完备了吧。

释注

1. 原题"十之图"。（参见解读）
2. 原文"始"。现作"初衷"解。

要点 解读　一、关于"图"的意涵

如果说《茶经·九之略》单独成章有点怪怪的，那么本章《茶经·十之图》就更怪了。看来，个中奥秘还得先从"图"字说起。图（圖），从囗（wéi），从啚（bǐ）。会意：囗，表示范围。啚，"鄙"的本字，表示艰难。合起来表示规划一件事，需慎重考虑，相当不容易。故此，《说文》曰："画计难也。"《左传》曰："咨难为谋。画计难者，谋之而苦其难也。"《尔雅·释诂》曰："谋也。"《书·太甲》曰："慎迺俭德，惟怀永图。"由此可见，陆羽用辞可谓是高明绝顶的，他图的是《茶经》的初衷能被人理解，不被世俗篡改。"精行俭德"的茶道理念能得以"永图"，"思长世之谋"（孔子语）。所以，他建议把整部《茶经》都书在挂轴上，挂在茶室里，以便"目而击之"。但言下之意则是：我的茶道理念可是白纸黑字都写着的喔！

二、陆羽曾为捍卫"精行俭德"的茶道精神而努力抗争

毋庸置疑，陆羽《茶经》的问世对我国茶业的兴旺、茶道的大行是起着里程碑作用的，正如《封氏闻见记》所云："楚人陆鸿渐为《茶论》，说茶之功效，并煎茶、炙茶之法，造茶具二十四事，以都统笼贮之，远近倾慕，好事者家藏一副。有常伯熊者，又因鸿渐之论广润色之，于是茶道大行，王公朝士无不饮者。"但这并不能说明陆羽的担忧是多余的，也毋庸讳言，《封氏闻见记》中的所谓的"茶道大行"，客观上是只对陆羽茶道的形式而言的，至于其"精行俭德"的茶道精神，并没有得到朝廷的认可，《旧唐书》也没有给陆羽立传，在中国历代古籍中，《茶经》也从未被列入过经部。相反地，自从陆羽的茶道经常伯熊"广润色之"进入宫廷开始，其"精行俭德"的茶道精神便完全被奢侈华丽的皇家气派所湮没，这从20世纪80年代法门寺地宫出土的系列金银茶道具便可证实，这套茶道具是唐懿宗、唐僖宗（874）供奉给法门寺的。同时，朝廷还大兴贡茶制度，自上而下地强迫老百姓对皇室作出无偿贡献。唐德宗时，袁高的《脩贡顾渚茶山》诗就痛切地描写了贡茶的危害："禹贡通远俗，所图在安人。后王失其本，职吏不敢陈。亦有奸佞者，因兹欲求伸。动损千金费，日使万姓贫……黎甿辍农耕，采撷实苦辛。一夫且当役，尽室皆同臻……顾省忝邦守，又惭复因循。茫茫沧海间，丹愤何由申。"所以，若从这种意义上而言，陆羽的茶道在他还在世时就已经被官场给毁了，仅存的只是他的形式而已。这种情况的出现，最感痛苦的自然是陆羽，据《封氏闻见记》云："御史大夫李季卿宣慰江南，至临淮县馆，或言伯熊善茶者，李公请为之。伯熊著黄被衫、乌纱帽，手执茶器，口通茶名，区分指点，左右刮目。茶熟，李公为啜两杯而止。既到江外，又言鸿渐能茶者，李公复请为之。鸿渐身衣野服，随茶具而入。既坐，教摊如伯熊故事，李公心鄙之。茶毕，命奴子取钱三十文，酬茶博士。鸿渐游江介，通狎胜流，及此羞愧，复著《毁茶论》。"但可惜的是，陆羽的《毁茶论》没有传世，于是给后世留下了无端猜度的空间。但笔者认为，《毁茶论》的正确译义应该是"痛论茶道的被毁"。"精行俭德"是陆羽茶道的核心理念，要誓死捍卫它是理所当然的，所以他坚决反对常伯熊等把"茶性俭"偷换成"茶性侈"。而且，陆羽著《毁茶论》不止是一次，而是"复著《毁茶论》"。至于把陆羽著《毁茶论》的动机说成是因不堪其辱，故一气之下写下了《毁茶论》的说法，则应该是不可能的，因为不合逻辑，更与陆羽的人品不符。况且，李季卿宣慰江南是广德二年（764），这时的《茶经》还

尚在修撰过程中呢。再至于历代志士仁人为捍卫"精行俭德"的茶道精神，那还是有的。例如：唐有卢仝，他在《走笔谢孟谏议寄新茶》中就有"天子须尝阳羡茶，百草不敢先开花。""安得知百万亿苍生命，堕在颠崖受辛苦。""便为谏议问苍生，到头还得苏息否？"等句，对当时的贡茶制度及变了味的宫廷茶道提出了尖锐批评。宋有苏轼，他在《荔枝叹》中云："君不见，武夷溪边栗粒芽，前丁（丁谓）后蔡（蔡襄）相宠加。争新买宠各出意，今年斗品充官茶"。更有个叫晁冲之的，他在《陆元钧寄日注茶》诗中云："君家季疵（陆羽）真祸首，毁论徒劳世仍重。争新斗试夸击拂，风俗移人可深痛。"意思是：你陆姓家的那个季疵（指陆羽）真是作孽啊！《毁茶论》有何用，且看如今茶道，争新斗试，风俗移人，痛哉！诗中"风俗移人"一词，流变于成语"习俗移性"，原出《晏子春秋·杂上二三》："汩常移质，习俗移性。"意思是风俗习惯是可以改变人的，故而不可不慎。

应该承认，陆羽的茶道理念在当时是特别超前的，所以不仅没有被朝廷所认可，而且还被装金饰银的皇家气派给湮灭了，虽历代以来总还有一些世外高人、志士在推崇，但毕竟不是主流，这就叫历史的局限性。

好了，就此打住吧！最后我们还是引当代茶圣吴觉农一段话，用以告慰这位一千二百多年前的茶圣陆羽吧！他说：

"我从事茶叶工作一辈子，许多茶叶工作者，我的同事和我的学生同我共同奋斗，他们不求功名利禄、升官发财，不慕高堂华屋、锦衣美食，没有人沉溺于声色犬马、灯红酒绿，大多一生勤勤恳恳，埋头苦干，清廉自守，无私奉献，具有君子的操守，这就是茶人风格。"

吴觉农先生

1. 吴觉农. 茶经述评［M］. 北京：农业出版社，1987.

2. 裘纪平. 茶经图说［M］. 杭州：浙江摄影出版社，2003.

3. 程启坤. 陆羽《茶经》简明读本［M］. 北京：中国农业出版社，2017.

4. 范文澜. 中国通史简编［M］. 北京：人民出版社，1965.

5. 司马哲.（原著：周·姬昌等）. 周易［M］. 北京：中国长安出版社，2007.

6. 钱时霖. 中国古代茶诗选［M］. 杭州：浙江古籍出版社，1989.

7. 陈宗懋. 中国茶叶大辞典［M］. 北京：中国轻工业出版社，2000.

8. 辞海编辑委员会. 辞海缩印本［M］. 上海：上海辞书出版社，1980.

9. 沈生荣，赵大川. 径山茶图考［M］. 杭州：浙江大学出版社，2005.

陆羽在余杭径山著《茶经》的相关史料

一、陆羽著《经》之地史料数则

出处	记载
《文苑英华》卷七百九十三"陆文学自传"条	"上元初[1]，结庐于苕溪[2]之湄，闭关读书，不杂非类，名僧高士，谈讌永日，常扁舟往来山寺。"
宋·谈钥纂修《嘉泰吴兴志》卷十八桑苎翁 条	"唐·陆羽，字鸿渐，初隐居苎山[3]，自称桑苎翁，撰《茶经》三卷。常时闭户著书，或独行野中诵诗、击水、徘徊，不得意或恸哭而归，时人谓今之接舆。"
《新唐书》卷一百九十六列传 陆羽传 条	"上元初更隐苕溪，自称桑苎翁，阖门著书。"
《唐才子传》卷八陆羽条	"……上元初结庐苕溪上[4]，闭门读书，名僧高士，谈讌终日。"
清·《湖州府志》卷九十寓贤 陆羽条	"上元初隐苕溪，自称桑苎翁，阖门著书。"
明·万历《余杭县志》卷之六 人物志 寓贤唐·陆羽条	"唐·陆羽 竟陵僧于水边得婴儿，育为弟子。稍长，自筮得鸿渐于陆，其羽可用为仪，乃姓陆，名羽，字鸿渐。与释皎然，为缁素忘年之交。隐苕溪，自称桑苎翁。忌有才辨，好属文，尝作《君臣契》三卷，《源解》三十卷，《吴兴历官记》三卷，《湖州刺史记》一卷，《四悲诗》、《天之未明赋》、《占梦》上中下三卷，并贮于褐布囊。或独行野中，徘徊不得意，即痛哭而归。人谓今时接舆。精于茶理，著《茶经》三卷，后鬻茶之家，祀为茶神……至今有陆羽泉[5]，在吴山界双溪路侧。"
清·嘉庆戊辰原本《余杭县志》卷二十八寓贤传陆羽条	"陆羽，字鸿渐……上元初，隐苕上[6]，自称桑苎翁，时人方之接舆。尝作灵隐山二寺记，镌于石（钱塘县志）。羽隐苕溪，阖门著书，或独行野中诵诗，不得已或恸哭而归（吕祖俭卧游录）。吴山双溪路侧有泉，羽著茶经，品其名次，以为甘冽清香，堪与中冷惠泉竟爽（旧县志）。"
清·嘉庆戊辰原本《余杭县志》卷十山水陆羽泉 条	"陆羽泉，在县西北三十五里吴山界双溪路侧，广二尺许，深不盈尺，大旱不竭，味极清冽（嘉庆县志）。唐陆鸿渐隐居苕雪[7]著《茶经》其地，常用此泉烹茶，品其名次，以为甘冽清香，中冷、惠泉而下，此为竟爽云（旧县志）。"

注：

[1] 上元初：上元，唐肃宗李亨的年号，起讫时间为公元760年（农历闰四月）—761年九月，只2年。上元初，即公元760年。

[2] 苕溪：水系，发源于天目山，终端入太湖，因沿岸盛长芦苇（苕）而名。苕溪干流长158公里，流域面积4576平方公里。是故，光凭"苕溪"而言，很难确定陆羽著《经》的确切位置。

[3] 苎山：在今杭州市余杭区余杭街道境内。（详见"考"）

[4] 苕溪上：即苕溪上游。

[5] 陆羽泉：在今杭州市余杭区径山镇境内，径山东麓，北苕溪双溪段西侧。

[6] 苕上：同"苕溪上"。

[7] 苕霅：又名霅溪，东苕溪上游支流，即今之北苕溪、中苕溪和南苕溪。（详见"考"）

二、关于"苕霅"的考证史料

出处	记载
南宋《咸淳临安志》卷之五十四 志三十九 官寺三 诸县官厅 余杭县 （洪咨夔记文）	洪忠文公[1]记曰：余杭[2]，苕霅之津会[3]，故冬予奉老亲，行雪上诸山，扁舟循苕霅而下……
明·吴之鲸《径山纪游》	禹杭舍逆旅，主人导向南湖[4]路，湖为众流奥区，由苕霅达震泽[5]入海……
清《唐栖志》载 《周圣夫桥庵略记》	唐栖为浙藩首镇，地属武林、吴兴二郡之界，水为天目苕霅诸流之委[6]。
清乾隆题枢光殿集远堂联	苕霅溪山吴苑画 潇湘烟雨楚天云[7]。
清《杭州府志》首卷之七 中 嘉庆帝为董浩画册题诗 《苕霅农桑》	"双溪[8]佳胜擅，春景纪余杭。农事方耘稻，妇功近采桑。罨崖云影润，夹岸菜花香。力作无休息，三时候正长。"
佛典·《南岳单传记》第1卷 第六十七祖明州天童圆悟禅师中 有一段行记云	"师佩记南行。由燕、齐、淮南北、三吴，达浙西，路双径[9]，天目苕霅诸山，无不探幽索隐，罔当其意者，渡钱塘，至于会稽，访周海门陶石篑，与佛法相见。"
《唐十道图》	霅溪[10]

注：

[1] 洪忠文公：即洪咨夔（1176～1236），字舜俞，号平斋，於潜（今属杭州市临安区）人，嘉泰二年进士。南宋诗人。

[2] 余杭：旧县名，大致相当于今杭州市余杭区的瓶窑、良渚一带和今西湖区的三墩、留下、龙坞、转塘、周浦等地。

[3] 津会：《说文》曰："津 水渡也"，"会 合也"。在此，即上游诸路苕霅之水会合的地方。其中一是南苕溪，发源于东天目水竹坞，流经临安市区，尔后在古镇余杭与中苕溪之水会合后汇入东苕溪。二是中苕溪，发源于临安石门姜岭坑，向东南流经余杭区径山镇长乐桥至汤湾渡，与南苕溪之水会合后汇入东苕溪。三是北苕溪，由今余杭区境内的百丈溪、鸬鸟溪、太平溪和双溪汇合而成，至瓶窑镇南部汇入东苕溪。三路苕霅之水汇合后总称东苕溪，终端入太湖。是故，《咸淳临安志》中才有"余杭，苕霅之津会"一说。

[4] 南湖：始建于东汉，是保护杭嘉湖平湖安宁的分洪工程，用以分泄苕溪流量，缓解下游水势，总面积万余亩。

[5] 震泽：即太湖。

[6] 委：这里的"委"是名词，据《辞海》应作"水的下流"解。唐栖即今杭州市余杭区的塘栖镇，地属运河水系，因地势低洼，所以诸流汇聚，其水资源除自然降水外，主要来自上游的天目苕霅诸流。

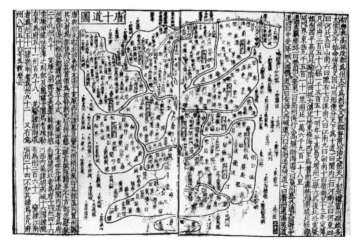

唐十道图

[7] 苕雪溪山吴苑画 潇湘烟雨楚天云：是清乾隆帝题枢光殿集远堂联，联中高度赞美了苕雪的山水风光。是故，这也应该是陆羽留恋苕雪山水之美，故而隐居下来著《茶经》其地的缘由之一。

[8] 双溪：在今杭州市余杭区径山镇境内，因上有鸬鸟溪和黄湖溪在此汇合而得名。

[9] 双径：即今杭州市余杭区境内的径山，因有西径通天目，东径通余杭而得名（径山—斜坑—长乐—邵墓桥—新岭—苎山桥—石凉亭—三里铺—县治）。

[10] 雪溪：即苕雪，是东苕溪上游南、中、北三苕溪的总称。出现在《唐十道图》，其图中位置在古杭州、睦州以西，湖州以南，衢州以北，歙州以东，也即今古镇余杭及径山、瓶窑一带。

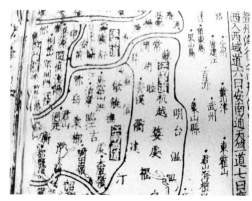

唐十道图局部

三、关于苎山的考证史料

出处	记载
南宋·施谔《淳祐临安志》卷九 山川 苎山 条	苎山 在钱塘[1]县孝女南乡[2]，高一十丈，周迴五里。
清嘉庆戊辰原本《余杭县志》卷十 山水 南湖赋	……是以南接凤凰[3]，西拱琴鹤[4]，北顾苎山[5]，东连安乐[6]，把澄泓之鉴亭，窥羽宫之篱落……
清·宗源满等纂《浙江水陆道里记》杭州府 余杭县 干路条中的"苎山桥"等	三里铺 自北门外北少西行至此二里二分。 石凉亭 自三里铺北少西行至此三里五分。 苎山桥 自石凉亭西北行至此二里一分。 邵墓桥 自苎山桥西北行过新岭（新岭高十二丈）至此五里七分。

注：

[1] 钱塘：旧县名，范围含旧余杭县境。南宋·淳祐年间，钱塘县治也曾在古镇老余杭（即今余杭区余杭街道），安乐山（即今之宝塔山）下，《淳祐临安志》卷九山川中有"安乐山在钱塘县"（治）的记载。

[2] 孝女南乡：在钱塘县西。至于其来历，《淳祐临安志》卷九 山川 中也有记

载："唐墓山 在钱塘县孝女南乡，高一十五丈，周迴八里。（故老相传云：昔有孝女唐丑娘，年十二、三，母病笃，因取肝救，母病愈，而丑娘以疮口入风而亡，里人美其孝，故以唐墓名其山。）唐墓山，疑即今之娘娘山，在今余杭街道西。"

［3］凤凰：即凤凰山，在今余杭区余杭街道境内，南苕溪南岸。

［4］琴鹤：暂无考，但从方位而言，应该就是今余杭娘娘山一带。

［5］苎山、苎山桥和苎山庙：据詹秉轮先生采访当年苎山所在村（仙宅）老党支部书记陆跃详。老支书回忆说：旧时仙宅村苎山桥东侧建有苎山庙，有前后两殿，十间，三开二厢。前后殿间有个大天井，种有数株梧桐。庙前有一石砌圆形大池塘，对面是戏台，有四间。苎山庙内供俸着苎山大帝，是当地赐给曾居仙宅村，人称茶仙陆羽的神号。庙内还塑有一匹瘸脚白马，说是陆羽出游的坐骑。马边立一马夫，说是陆羽出游的随从。旧时仙宅，每逢八月初六，都要举行隆重的庙会，以纪念他在仙宅期间，教民种茶、制茶的功德。庙会一直延续至抗战时才终止。新中国成立前后，苎山庙曾一度成为小学用房，后因长年失修倒塌，农业学大寨时被改造为农田。

［6］安乐：即安乐山，在古镇余杭，又名宝塔山。

陆羽著经之地——径山剪影

陆羽著经之地遗存——陆羽泉

陆羽泉公园中的著经茅舍

陆羽著经之地——苎山

苎山前的苎山古桥

纪念陆羽——一年一度茶圣节

陆羽泉公园中的陆羽坐像

祭奠陆羽活动场景

祭奠陆羽活动场景

以纪念陆羽为主题的径山茶鼓

以纪念陆羽为主题的径山庙会

唐代古刹 径山寺

阳崖阴林 径山茶

儿子眼中的《茶经解读》

父母自拟作者简介，简单至极，却也正好反映了一对"终身从事基层茶叶技术推广工作"夫妻的真实心境。而作为儿子，倒是"不甘心"其凡，在此冗表赞许的说明，诚惶诚恐。

父亲年少立志农业，是当年闻名全国的交口少年科学院院士，16岁时就特邀出席了全国群英会，受到刘少奇、周恩来、朱德、宋庆龄等老一辈国家领导人的亲切接见。后读农大，经历"文革"，其后应该说是经历艰难。因我从小与父母分离，没能亲见母亲是如何面对艰难和坚守爱情的，但一切都可以想象。

2015年，父亲右眼视网膜破裂，术后视力仅存0.1。他的左眼年轻时就视神经萎缩。在这样的情况下，他让我买了一台大尺寸电脑显示器，加上一个放大镜，凭借熟练的盲打五笔输入法，继续阅览、撰写文章。那时，母亲的辅助作用倒是更大了，哪怕在她因肺癌动手术之后，夫妻俩仍克服困难，出了多篇论文。

2018年，应杭州市余杭区茶文化研究会的恳切约稿，他们着手编撰《茶经解读》。年中，我母亲检查发现癌症转移，开始接受放疗。我和父亲说，书就暂时搁一搁吧，这么多的事故，会把你压垮的！

2019年1月15日，QQ上传来父亲的离线文件——《茶经解读》（正文），我目瞪口呆！那一刻，我再也忍不住久违的眼泪……7月，母亲再次住院治疗，但夫妻俩在病榻旁还要坚持对《解读》进行反复的琢磨和修正，让我继续校核完善，直到正式交付出版。

一部十余万字的《茶经解读》，从接受余杭区茶文化研究会的委托，到初稿的出炉，前后只用了不到一年的时间，但回想起来，其实二老是早就在研究这个问题了，至少是退休后（2002年）在杭州筹办"老茶缘"[1]的时候，父亲就反复提出一个

1　老茶缘：浙江省老茶缘茶叶研究中心的简称，筹建于2002年，后于2007年正式获省科技厅批准，省民政厅登记注册，是科技类的民办社会组织。

时人不太经意的问题——陆羽为什么要写《茶经》？并经常说，对于这类问题，还得有辩证唯物主义和历史唯物主义的思想方法才行啊！要读懂《茶经》，首先要读懂唐代的历史；要读懂唐代的历史，首先要读懂"安史之乱"。显然，对于这类学术问题的探讨，二老是很严谨的，直到2016年我们才以论文的形式在内刊《余杭茶经》[1]上发表了《陆羽茶道的核心理念是俭》一文，先探探风。

现在的这本《茶经解读》，其特点就是重在解读，而且又把对精神层面的解读作为重中之重。毋庸讳言，这在当今《茶经》研究领域是颇具独到见解的。

独就独在它揭示了《茶经》这部千年巨著不仅仅是一部茶的百科全书，更重要是在于它的精神层面，是一部茶道之经。严谨地阐明了中国的茶道始于《茶经》。《茶经》开篇之"茶者，南方之嘉木也"中的"嘉"是"善"的意思，也是中国茶道的最高境界。《尔雅》曰："嘉，善也"。《道德经》曰："上善若水，水善利万物而不争，处众人之所恶，故几于道。"也就是说，作为一个茶道中人，就应该像茶君子那样，嘉善乐施不图报，淡泊明志谦如水。

独就独在它严谨地阐明了《茶经》的核心理念是"俭"，更确切地说，这也是修成一切正道的关键法门。在中国古代，"俭"的本义是自我约束，不放侈的意思，引申义为"节约"等。《说文》曰："俭，约也""约者，缠束也。俭者，不敢放侈之意。"所以，《周易》曰："君子以俭德辟难，不可荣以禄。"《左传》曰："俭，德之共也。侈，恶之大也。"诸葛亮《诫子篇》曰："静以修身，俭以养德，非淡泊无以明志，非宁静无以致远。"陆羽《茶经》曰："茶性俭""为饮，最宜精行俭德之人。"

如此，紧紧围绕着"俭"来划分章节，前呼后应展开系统解说，令人耳目一新，清晰易读。如"四之器"，风炉铭文"盛

---

1 《余杭茶经》是杭州市余杭区茶文化研究会的内部刊物，此文载于此刊2016年第二期。

唐灭胡明年铸"，炭橻引出"河陇之痛"，火筴尊俭德，铁鍑拒侈丽，无不提醒后世要铭记奢靡误国的历史教训，体现了陆羽"不与侈为伍"的"精行俭德"的茶道理念；"五之煮"写道"茶君性俭，不宜奢侈，否则就没有希望了，就不美好了"，可称精妙之笔；"六之饮"明确要荡除终极追求"侈丽"的种种不"嘉"、不"俭"的"昏寐"心理，方为真正的"茶道之饮"。"九之略""十之图"，乍看别出心裁，细读茅塞顿开。钟情山水，洁身自好，何尝不是"独行其道"的方式之一呢。始："初衷"，图："谋也"。《书·太甲》曰："慎乃俭德，惟怀永图。"陆羽用辞真可谓是高明绝顶，他图的是《茶经》的初衷能被人理解，不被世俗篡改，"精行俭德"的茶道理念能得以"永图"。

总之，陆羽的《茶经》除了留给人们茶的百科以外，更是告知了茶的终极理念。茶无高低贵贱，流进百姓人家。学茶之人，也无求雍容华贵，只求质朴中不失高雅。父母亦如是，家中洁净整齐，着装朴素无华，用行动印证，只要内心丰盈，做大事，做小事，一样精彩。父母互敬互重，给我们年轻人诠释了爱情不是最初的"你侬我侬"的保鲜，而是相互的理解与包容。这本共同署名的《茶经解读》，不是什么情书，但一定是融入爱情，融入理想，融入关心我们下一代的好书。

藉此《茶经解读》终于要与读者见面之际，特别感谢学界方方面面的悉心帮助。成书功绩，除了父母潜心努力外，离不开杭州市余杭区茶文化研究会的高度重视与全力促成。此外，还有国际儒学联合会赵毅武先生、郭昱女士等有识之士给予特别关心，牵线搭桥专门请楼宇烈教授赏析本书。楼教授在大手术后一个月，不顾身体虚弱通读全稿，为本书作序并题词。也有幸得到了刘祖生偕胡月龄教授夫妇首肯，刘教授当时是接连两次大病初愈，并且白内障严重、视力相当弱，因此花费了非常多的时间和精力，特为《解读》作逐字逐句审阅、批注书稿，一笔一字斟酌序言。前辈老师们作风严谨，见地深刻，评论精到，实令后生深深感激与佩服！

　　不迷执于物相，无沉溺于物欲，敬爱为人，奉献不竭。我想，一本真正好书的问世，就是这样，须从自己以及他们身边的仁人志士长期坚持共识、践行真理的积淀而来吧。

吴步畅

二〇一九年九月